蒙古族卷

中国博物馆馆藏民族服饰文物研究

覃代伦
李锐
主编

东华大学出版社

· 上海 ·

● 锡林郭勒草原

作者简介

李锐，汉族，内蒙古自治区鄂尔多斯人，现任鄂尔多斯市博物院副院长，文博研究馆员。2016 年，鄂尔多斯市人民政府授予"鄂尔多斯英才"荣誉称号；2016 年，被中共中央组织部、教育部、科学技术部、中国科学院评为"西部之光"访问学者；2019 年 9 月，被聘为中国社会科学院研究生院兼职教授，被国家文物出境审核内蒙古管理处聘为鉴定员；2020 年，被内蒙古文物学会聘为内蒙古文物学会理事；2020 年，当选第七届中国博物馆协会理事；2021 年，入选内蒙古自治区国有博物馆藏品征集鉴定专家库，担任海南热带海洋学院"文物与博物馆学"硕士生校外导师；2021 年，被鄂尔多斯市人才工作领导小组授予"鄂尔多斯草原英才"荣誉称号。近年来先后在博物馆学、考古学、历史学等不同领域发表学术专著 10 余部，发表专业学术论文 20 余篇，其中在 CSSCI 和国内学术期刊发表学术论文数篇。长期从事鄂尔多斯地区历史文化、蒙古族文化研究和鄂尔多斯青铜器研究工作，作为学术带头人主持完成了多项国家级、自治区级各类项目、课题。

作者简介

覃代伦，土家族，国家民委直属中国民族博物馆非遗部主任、研究员，中国博物馆协会民族博物馆专委会常务理事，中国文物学会民族文物专委会常务副秘书长。2014年，被聘为"国家民委领军人才支持计划人选"；2019年，被聘为"贵州省文史研究馆特约研究员"；2021年，被教育部聘为"全国民族技艺职业教育教学指导委员会副主任委员"；2022年，被聘为"中国工艺美术学会非物质文化遗产工作委员会副主任委员"。长期从事民族文化教育图书编辑、民族文化专题展览、对外文化交流和民族民间美术研究工作，主要著作有《张家界民族风情游》《张家界市情大词典》《中国少数民族人口丛书·土家族卷》（国家出版基金项目）《中国博物馆馆藏民族服饰文物研究·土家族卷》等。

本分卷编委会

主 编：
李 锐 覃代伦

编 著：
高兴超

撰 稿：
高兴超 王雪芬 呼 玫

摄 影：
孔 群 奥静波 高兴超 赵占魁

设 计：
孔 群

审 订：
万 喜（蒙古族） 哈斯其其格（蒙古族）

总　序

　　2016年11月10日，习近平总书记向国际博物馆高级别论坛致贺信时强调："博物馆是保护和传承人类文明的重要殿堂，是连接过去、现在、未来的桥梁，在促进世界文明交流互鉴方面具有特殊作用。"博物馆传承文明的这种突出的教育功能，已然成为国民教育体系的重要组成部分。现在，走进博物馆越来越成为各族人民的生活方式。特别是节假日，一些人扶老携幼到访博物馆，去体验历史，浸染文化，欣赏艺术，感知社会文明进步的方向。

　　我们在博物馆里看到的这些琳琅满目的文物，无不是我们的先人进行物质生产的见证。唯物史观告诉我们，"人们首先必须吃、喝、住、穿，然后才能从事政治、科学、艺术、宗教等等"（恩格斯《在马克思墓前的演说》）。人类要生存和发展，就必须首先要解决衣、食、住、行这些基本的物质条件。就拿穿衣来说，与吃饭同等重要，"温饱"是人生活的最基本要求，这"温"当然就是指衣服。我们看博物馆那色彩斑斓的服饰展览，寻觅其历史演变的路径，感知从御寒、护体、遮羞到实用、美观、靓丽的发展过程，正所谓"衣必常暖，然后求丽"（刘向《说苑》），从而能进一步领悟到各族人民在服饰文化上高超的创造才能和不断进取变化的审美意识。

我国素有"衣冠王国"之誉，服饰文化源远流长。在上古社会，"有巢氏以出，袭叶为衣裳"（《鉴略·三皇记》）；明代罗颀《物原·衣原》云："有巢始衣皮"。上古先民用树叶和兽皮缝制衣服，可以说是服饰文化的滥觞。江苏吴县草鞋山遗址就出土了6000余年前的服饰残片；浙江钱山漾遗址（良渚文化）出土了4700余年前的平纹组织的蚕丝织物残片。《韩非子·五蠹》称唐尧时代"冬日麑裘，夏日葛衣"；《墨子·辞过》称神农氏"教之桑麻，以为布帛"，称伏羲氏"化桑蚕为绅帛"。相传黄帝的元夫人嫘祖，就是人们耳熟能详的农桑女神。

　　自夏商以后，开始出现冠服制度，到西周已经比较完备。战国时期，诸子百家，思想活跃，服饰也各有风采。两汉时期，农业经济发展，服饰日益华丽。隋唐之时，形制开放，以胖为美，袒胸露背的女装时见于上层社会。宋明期间，讲究伦理纲常，服饰趋于保守。清末以来，国门打开，西风东渐，服饰也日渐适用、方便，甚至"西装革履"已成了男人们出席正式场合的"标配"。服饰的产生和演变，与经济、政治、思想文化、地理环境、宗教信仰、生活习俗等，都有着密切关系。不同时代，不同民族，不同地域，都有不同服饰，但相互间又有联系和影响。即使在同一社会，也有上层和下层的不同，有阳春白雪和下里巴人的不同，有"粗缯大布"和"遍身罗绮"的不同。当然，这些都是阶级社会历史的常态。

　　我国是一个多民族统一的国家。从远古传承过来的馆藏民族服饰文物，见证了中华民族共同体形成与演化的历史进程。殷商时期玉、石、青铜、陶器上的人形服饰图案，可以看出多为华夏周边部族的形象。河北平山古中山国墓中出土的玉人，头戴羊角形冠，穿小袖长袍，腰系带钩，袍下半部为格子花纹，应是"北狄"的典型服饰。四川广汉三星堆出土的青铜人立像，身躯细长，着窄袖紧身长袍，领口部呈V字形，无领。长袍前襟在左腋下开启扣合，称"左衽"，是周边民族服饰的重要特征，与中原华夏民族服饰的"右衽"不同。袍前裾过膝，后裾呈燕尾状。长袍上满饰复杂纹样，前襟左侧饰两组龙纹，右侧为云龙纹，下部为变形饕餮纹，最下方还有两组并列的倒三角纹。据专家考证，此立像应为古蜀国主持祭祀的巫师首领或某代蜀王的形象。相对于中原华夏民族而言，古蜀国当属西戎。中原者，乃"天下之中"也，又称"华夏""中土""中州"，是指以河南洛阳一带为中心的黄河中下游地区。周武王建立周朝之"宅兹中国"（青铜重器何尊铭文），就是在这个地区。此地的华夏民族在服饰上与周边东夷、西戎、南蛮、北狄等部族的最大区别，就是袍服上的右衽开合。华夏民族经过长期的繁衍发展，并不断与其他部族融合而形成汉族，成为中华民族大家庭的主体民族，为中华文明的发展做出突出的贡献。

史载北方游牧民族之"胡服"与中原地带华夏民族服饰的第一次双向良性互动，就是名传青史的"胡服骑射"。公元前307年，赵国东有齐国、中山国，北有燕国、胡人部落，西面是娄烦，与秦、韩两国接壤。士大夫们宽衣博带，锦衣玉食，无骑射之备，何以守国护家？于是，赵武灵王下令举国"胡服骑射"。何谓胡服？乃北方游牧民族之小袖短衣、短靴与带钩是也。这样的服饰，便于骑射作战，从强军战略的角度看，这是春秋战国时期北方游牧民族对中华民族服饰文化的历史贡献。

西汉王朝是一个英雄与美人、铁血与柔情并存的雄强时代。西汉元封六年（前105年），汉武帝钦命江都王刘建之女刘细君为公主，和亲乌孙国王猎骄靡，为其右夫人，陪嫁宫女、工匠、锦绣、帷帐、玉器若干；细君公主则作《黄鹄歌》以解千里乡愁，以谢皇恩浩荡。西汉太初四年（前101年），解忧公主和亲乌孙国王军须靡，凡50年，历嫁三代乌孙国王，生四子两女，长子元贵靡为乌孙国王，次子万年为莎车国王，三子大乐为乌孙左大将，长女弟史嫁龟兹国王，小女素光嫁乌孙翎侯。两位汉家公主——细君公主和解忧公主为西域诸国带去先进的汉服制造技术和丝绸衣料，也为西汉王朝与丝绸之路上西域诸国的和平相处、共同发展做出了贡献。公元前33年，汉元帝又遣王昭君出塞，和亲北方匈奴王呼韩邪单于，带去"汉服"及宫女、乐师、工匠若干，使汉匈之间享受了长达50年的和平与发展。

唐太宗李世民是中国历史上第一个主张民族平等、团结共荣和提出"中华"族群概念的开明君王。唐太宗李世民云："自古皆贵中华，贱夷狄，朕独爱之如一。故其种落，皆依朕如父母。"（《资治通鉴》卷一九八）。唐太宗贞观十五年（641年），文成公主进藏和亲吐蕃赞普松赞干布，唐太宗所赠嫁妆中就有锦缎数千匹，工匠数百人。可以说，文成公主把纺织、缫丝技术传入了吐蕃地区（今青藏高原），结果是松赞干布在拉萨大昭寺树立"甥舅同盟碑"，在藏地颁布"禁赭面，服唐服"之政令，北京故宫博物院藏唐人阎立本《步辇图》之禄东赞所穿联珠团窠纹锦袍，即唐史所载"蕃客锦袍"也！唐景龙四年（710年），唐中宗命左骁卫大将军杨卫护送金城公主入吐蕃，和亲吐蕃赞普赤德松赞，入吐蕃三十余年，力促唐蕃和盟，在赤岭定界、刻碑，在甘松岭互市，其中多为马匹、金银铜铁器与丝绸互市。汉藏两大民族交往交流交融，始于文成公主，盛于金城公主。那时，波斯、天竺、泥婆罗等外邦番人携奇珍异宝职贡不绝于途，北京故宫博物院藏阎立本《职贡图》多有绘写描述。胡服、胡乐、胡舞、胡食等边地民族文化艺术，一度成为大唐帝国的时尚风向标。

北方游牧民族服饰与中原华夏服饰的第二次良性双向互动，则始于蒙古人入主中原之后的元朝时期。《蒙古秘史》《蒙古黄金史》和《蒙古源流》三大史书均记载蒙古黄金家族贵族男子多穿金光灿烂的织金辫线锦袍（中国民族博物馆藏品），贵族女子多戴高高耸立的"罟罟冠"（中国民族博物馆藏品），着交领右衽曲裾长袍。蒙古平民男子多穿腰部多褶的质孙服，蒙古平民妇女多穿带比肩或比甲的黑色长袍。据《元史·舆服志》载，元世祖忽必烈令改官服为"龙蟒缎衣"，民服则"从旧俗，为右衽"。后来，他又"近取金宋，远法汉唐"，男子公服近乎宋式，形制皆盘领，右衽；女子以襦裳居多，半臂袖依然流行。我们从台北故宫博物院藏《成吉思汗像》《忽必烈像》和《元代皇后像》中可以见蒙古黄金家族的常服形象。凉州会盟，吐蕃正式归化元朝廷，忽必烈钦赐西藏萨迦首领恰那多吉的"白兰王铠甲"（西藏博物馆藏）为这一时段的国宝级文物。国师八思巴当时是华夏汉服、色目人服与北方蒙古族服饰大融合的最主要推动者。

清朝是满、汉、蒙、回、藏文化交融并存共荣的时代。在服饰制度上，清王朝坚持了满洲八旗人紧身易于骑射的民族服饰样式，同时吸纳了明朝服饰的某些典章制度的规定，制定了各种等级冠服的形制。清朝皇族服饰有朝服、吉服、常服等，龙袍以明黄色为主色系，绣九龙，以表皇帝九五之尊。皇帝穿龙袍时，必须佩戴吉服冠，束吉服带及佩挂朝珠。皇后常服款式与满族贵妇服饰基本相同，圆领，大襟，衣领、衣袖、衣摆饰各色花边，耳垂"一耳三钳"，足蹬高跟木屐，行路如风摆杨柳。清代男子服装主要有袍、褂、袄、衫、裤等，清代女子服装则按所谓"十从十不从"中"男从女不从"的说法，存满汉两式，其中满族妇女着长袍、马褂、马甲，尤其从旗装发展而来的旗袍，更是风靡至今而不衰，而汉族妇女则着上衣下裳或下裤。关于西南诸民族服饰，乾隆年间《皇清职贡图》和嘉庆年间《百苗图》中多有形象的描绘，为后世提供了可资研究或复制的范本。

东华大学出版社隆重推出的《中国博物馆馆藏民族服饰文物研究》（6卷本），正是根据全国520余家民族类博物馆诸多民族服饰文物收藏，以藏族、蒙古族、苗族、彝族、瑶族和土家族6个民族丰富的服饰文物为主要研究对象，既有陶器、骨器、青铜器、金银器、瓷器、玉器等，还有诸多人物画、壁画、职贡图、苗蛮图等；既有诸多文化遗址出土的葛麻织物残片、丝绸织物残片、织机纺轮文物等，还有诸多官修正史附有的《舆服志》《仪卫志》《郊祀志》《五行志》《蛮书》《土司列传》和地方志、谱书记载，以及众多历代保存下来的服饰文物样本，从民族学、人类学、博物馆学和文献学的角度切入，进行专题研究，正如郭沫若先生所说："古代服饰是工艺美术的主要组成部分，资料甚多，大可集中研究。于此可以参见民族文化发展的轨迹和各兄弟民族间的相互影响（1964年5月25日）。"的确，这些民族服饰，既反映了本民族的特点，也反映了中华各民族交流、互鉴的成果，是全体中华儿女的宝贵财富，体现了各族人民卓越的创造智慧和对美好生活的追求，值得我们永远珍惜。

我们相信，上海市新闻出版专项资金扶持的这套民族服饰文物研究丛书的出版，对于进一步让收藏在博物馆里的文物"活起来"，彰显中华民族的文化自信与文化魅力，为构建中华民族共有的精神家园，为实现文化强国、文创中国而贡献一份光和热，实为一件盛事，值得推荐。

是为序。

马自树

（国家文物局原副局长）

2020 年 6 月 8 日于北京

● 《卓歇图卷》局部　五代　故宫博物院藏

前　言

文化是一个国家、一个民族的灵魂!

文化还是一个国家、一个民族的精神血脉!

文化兴则国家兴,文化强则民族强!

一部中国史,就是一部各民族交融汇聚成多元一体中华民族的历史,就是各民族共同缔造、发展、巩固统一的伟大祖国的历史。各民族之所以团结融合,多元之所以聚为一体,源自各民族文化的兼收并蓄,情感的相互亲近,源自中华民族追求团结统一的内生动力。正因为如此,中华文明才具有无与伦比的包容性和吸纳力,才根深叶茂。从中华民族形成发展的视角看,蒙古族形成发展的历史进程,与各民族交融汇聚成多元一体的中华民族同频共振。蒙古族,毫无疑问,是中华民族大家庭中的优秀一员。

伟大的中华民族,创造了精彩纷呈的中华优秀文化。2019年9月29日,习近平总书记在全国民族团结进步表彰大会上指出:"中华文化之所以如此精彩纷呈,博大精深,就在于它兼收并蓄的包容特性。展开历史长卷,从赵武灵王胡服骑射,到北魏孝文帝汉化改革;从'洛阳家家学胡乐',到'万里羌人尽汉歌';从边疆民族习用'上衣下裳''雅歌儒服',到中原盛行'上衣下裤''胡衣胡帽',以及今天随处可见的舞狮、胡琴、旗袍等,展现了各民族文化的互鉴融通。

各族文化交相辉映，中华文化历久弥新，这是今天我们强大文化自信的根源。"可以说，这是习近平总书记关于中华民族文化史特别是中华民族服饰史的深刻论述，也是此书的编写方针与指南。

中华文化是各民族文化的集大成。中华民族服饰文化是中华优秀传统文化的有机组成部分。"中国有礼仪之大，故称夏；有服章之美，谓之华。"从历史文物的视角看，中国古代服饰研究的拓荒牛，首推曾在中国历史博物馆（今中国国家博物馆）陈列组工作20余年的沈从文先生。他受周恩来总理委托，穷17年学术功力编写的《中国古代服饰研究》，凡54万字，700余张文物图片，可以说是中国古代服饰研究的开山之作。由于沈从文先生当时接触的大多是故宫博物院和中国历史博物馆的服饰类文物，没有条件接触浩如草原繁星的、散落在全国中小博物馆的蒙古族服饰文物，因此，他的这本煌煌巨著中只有"一三九、一组蒙古人乐舞俑""一四三、元代帝后像"和"一四四、元代行猎贵族"三个章节，共9856字，7张图片涉及蒙古族服饰。可以说，沈从文先生受限于当时的研究条件，有关蒙古族服饰文物的研究，相当简约，相当单薄。填补沈从文先生有关蒙古族服饰文物学术研究的空白，是我们编写《中国博物馆馆藏民族服饰文物研究·蒙古族卷》的学术初心和努力方向。

有关中华民族代表性服饰文化，人们可能立即想到的是"汉服""唐装""飞鱼服""旗袍"等，它们都是千百年来人们耳熟能详的典型服饰，也是中华文明强盛的代表性符号，更是中华优秀传统文化的有机组成部分。纵观中国服饰的发展历史，我们可以看出大致这样的发展轨迹：史前时期人类用树叶兽皮遮挡身体、挡风御寒。进入文明社会后，布料、丝织品或皮革出现并被制成适合人身比例与男女性别的衣服，且在周礼制度下被赋予了强烈的等级观念。汉代以后，服饰获得了长足的发展，衣服不仅具备了更加明细的划分，并且也形成了固定的搭配与款式定式。在这一时期，中原农耕民族喜穿宽大的袍服，而北方游牧民族则更多的是适合马背活动的分体式窄衣窄裤。魏晋南北朝时期，随着第一次民族大融合大发展的到来，各民族之间交往互鉴，文化相融不断加剧，为各民族服饰的丰富内涵和发展演变注入了巨大的创新活力，并一直影响至隋唐时期，最终迎来了中国古代文化发展的第二次高峰。宋元及以后，农耕文明与游牧文化交替演变，民族间的交往互动频繁，服饰及其文化也随着民族间的交往交流迎来了全新的发展局面，颇为讲究、灵活多彩的民族服饰文化蔚然成风。总之，这些服饰的演变与多民族的交流、互鉴是密切不可分的，农耕民族学习游牧民族，东方民族学习西方民族，像我们耳熟能详的"胡服骑射""孝文帝改革""贞观之治"等历史佳话，抑或是文学上"云想衣裳花想容"的浪漫诗句，都是中国各个历史时期民族交往交融促成文化相辅相成的有力见证。随着历史车轮的滚滚向前，最终形成了你中有我、我中有你、博大精深的中华民族服饰文化。

蒙古族是中华民族大家庭中的重要一员，也是在中国及世界历史上产生过重大影响的民族。蒙古族分布十分广泛，集中分布在中国、蒙古国和俄罗斯等地，其部落分支有数十支之多。关于蒙古族起源众说纷纭，但有一点却是不争的史实：蒙古族的发展演变与北方古老的游牧民族有着千丝万缕的联系。蒙古族最早见诸史册中，应是春秋战国时期的"东胡"，到北魏时发展为"室韦"，属于鲜卑族的后裔，隋唐时期称"蒙兀室韦"。13世纪初蒙古族形成，随后建立了强大的蒙古政权。作为古老的北方游牧民族，蒙古族经历了千余年的沧桑与发展。蒙古族服饰及其文化，也随着蒙古族的发展壮大而不断演进变化。这一过程中，蒙古族保持和弘扬了游牧文化传统，充分吸收了中原农耕民族、周边农牧民族以及欧亚大陆草原民族的服饰文化，使蒙古族的服饰文化呈现出绚丽多彩的艺术特征，也塑造出了众多部落分支、同而存异的多元服饰特点。早期的蒙古族服饰受自然环境的影响较大，游牧迁徙的生产生活使他们的服饰非常讲究实用性和厚重感。后来，随着蒙古族服饰文化的日趋丰富，成熟而多元的服饰层出不穷，同时也催生了与服饰相关的众多法律、法规，如《元典章》和《元史·舆服志》等，严格约束、规范蒙古族的服饰文化等级差别，从法理的角度赋予了服饰更多的社会意义和社会价值。随之而来的，蒙古族服饰从注重实用性向着注重社会性价值的方向不断深化。

蒙古族服饰是以蒙古族为主体，博采众长而形成的独特民族服饰。它是不断演变的。广义上的蒙古族服饰，由头饰、服饰、佩饰等不同部分组成，具有浓郁的民族特征。一是制作讲究，工艺复杂。服饰面料融合布、绢、锦、绫等不同织物，制作工艺采用缝、缀、缭、抽丝、镶嵌、贴附等，所用的材料更是包含了布料、毛料、丝绸、木衬、金银、宝石等数种。二是色彩艳丽，层次感强。蒙古族崇尚自然，热爱自然，将自然界中的天然色彩巧妙地运用到服饰衣物上，具备了鲜明的色彩意义，比如蓝色代表天空，白色代表云朵，绿色代表草原。三是灵活多变，同而存异。由于蒙古族部落众多，分布广泛，因此，不同的部落族群有着不同的服饰标识和特征指向。每个蒙古部落的服饰特征代表着特定的族群内涵，是标识自身身份和族群文化的外化物什。

蒙古族服饰及其文化只是中华民族优秀文化中的一个代表性符号。其折射出的是中华民族的源远流长，是中华传统文化的多姿多彩，是中华民族在数千年的发展演变中不断交往交流交融的历史进程，更是中华民族从多元走向一体、汇聚起磅礴力量的伟大民族精神。我们研究的目的，就是让历史说话，让文物"活"起来，让国家级非遗蒙古族服饰制作技艺与蒙古族刺绣技艺见人、见物、见生活。

目 录

● 《成吉思汗家族图》成吉思汗陵藏

第一章

蒙古族

从大漠走来，
向草原走去

第一节 马背民族的源起

　　"蒙古"一词，最早见于唐朝文献，当时汉文文献记载为"蒙兀"。国内外蒙古学研究者对其意有多种解读：一为"永恒之火"，以楚勒特木为代表；二为"不可战胜"，以俄国学者 M.C 鲍迪那斯基为代表；三为"长生之部落"，以蒙古族学者额尔登泰和乌云达赉为代表；四为"永恒的中心"，以克哈达班为代表；五为"永恒长存"，以日本学者白鸟库吉为代表。有关史料记载，"蒙古（Mongol）"一词在商周时期蒙古族最初形成时就已存在，那时在北方

● 西拉木伦河

● "河套人"头盖骨、股骨化石 旧石器时代 鄂尔多斯市博物院藏

的游牧民族是"鬼方"和"贡方"，并在春秋战国时以东胡、林胡、楼烦、匈奴为主体派生的众多部落中流传了下来，在一些汉文文献中音译为"蟒豁勒""忙豁勒"，常常简称"胡"。此为汉文文献所载"蒙古"一词释义。

关于"蒙古"民族的起源，蒙古文献又是如何释义呢？《蒙古秘史》中记载，蒙古人祖先为"苍狼白鹿"所生。此外，蒙古族神话《额儿古涅昆的传说》《太阳后裔的传说》记载，

● 鄂尔多斯市萨拉乌苏遗址

● 红陶人 新石器时代
内蒙古博物院藏

蒙古族是由自古生活在北方的游猎民族发展而来的，起源于大漠深处的额尔古纳河流域。关于蒙古族的族源问题，多年来学术界多有争论与探讨，截至目前，还没有取得完全一致的意见。现在多数蒙古学研究者认为：蒙古族出自春秋战国时期的东胡——北魏时的拓跋鲜卑和室韦——隋唐时的"蒙兀室韦"诸部落融合而来。据载，"东胡"是包括同一族源、操有不同方言、各有名号，历史上居住在今内蒙古自治区境内西拉木伦河、大凌河、老哈河等诸河流域的大小部落的总称。那为什么叫"东胡"呢？"胡"是汉文文献对历史上的北方游牧民族的统称，《史记·匈奴列传》记载，他们"在匈奴东，故曰东胡"。

2006年12月28日，中国学术界确认发现于内蒙古自治区乌审旗萨拉乌苏河流域的"河套人"，是距今7万~14万年前生活在鄂尔多斯高原的古人类群体，确认"河套人"是亚洲现代人的直接祖先，也是蒙古高原的土著人——蒙古种族人的直接祖先。史学家认为，距今3万~4万年前活动于蒙古高原的人类统称为"蒙古人"，即广义上的全体蒙古种族，是指由蒙古人、蒙古语族人、蒙古利亚人组成的一个血统的亲缘种族。从人类学的角度讲，"蒙古，不仅是蒙古族的族称，也是蒙古种族的统称"。当然，这是一个以考古学为依据、以人类学为视角的新观点。

● 青铜剑、青铜刀 商代 内蒙古文物考古研究所藏

纵观历史走向,从有史书记载的东胡、林胡、楼烦、匈奴,再到鲜卑、乌桓、契丹、室韦,再到柔然、突厥,再到鞑靼、蒙古,都是不同历史时期活动在北方高原一带的游牧民族部落集团。他们在语言、习俗甚至遗传基因上,都是相通并且一脉相承的,可以说蒙古族与他们有着密切的渊源关系。从他们的历史链条中,我们可以感知到蒙古族悠久的发展史。蒙古人的祖先自古就生活在天苍苍野茫茫的蒙古高原,他们的族称在古代有多种书写和音变。西方社会通常就将蒙古泛称为"鞑靼",有时鞑靼也泛指中国北方各民族。两汉时期,"突厥"分裂西迁后,蒙古高原上部落林立,长期纷争混战。13世纪初,成吉思汗统一了蒙古高原上分裂已久的众多毡帐部落,建立了东起大兴安岭,西至阿尔泰山,北连贝加尔湖,南接金朝与西夏广大地区的蒙古政权,并以所在部落名称"蒙古"命名为国家和民族统一称号,从此在历史上形成了一个新的民族共同体——蒙古族。自此,"蒙古"一词也由原来一个部落的名称变成一个民族的名称延传于后世。

● 骨项饰　新石器时代
包头市博物馆藏

● 人形蚌饰　新石器时代　内蒙古博物院藏.

第二节　草原大漠上的蒙古秘史

一、蒙古族史前史

　　蒙古族史前史，按照多数学者认同的分期，分别是旧石器时代、新石器时代、青铜器时代、东胡匈奴时代、鲜卑契丹时代以及室韦时代。旧石器时代的蒙古文明与黄河流域的华夏文明，在发展走向上基本一致，只是蒙古人的游牧文明稍多延续一两千年。这一两千年文明的延续在蒙古高原上叫"新石器时代"。这个时代只见于蒙古高原的

● 红山文化遗址

北亚细亚大地，东侧可延伸到加拿大的安大略省，往西延伸到西班牙伊比利亚半岛。正是这类细石器文化，孕育了欧亚草原带最早期、最稚嫩的游牧文明。

之后是蒙古文明的"青铜器时代"。其代表性的鄂尔多斯青铜器诞生于青铜器发展的黄金时代，具有十分鲜明的草原文化特征。鄂尔多斯青铜器和商周时代青铜器相互影响，鄂尔多斯一带出土的青铜器在形制、体量、器形上都或多或少能看到商周时代青铜器的影子，它们之间的传承关系是考古界一个十分热门的话题。有考古文物证明，商朝可能是由传承红山文化的一支部落逐步南下占领了中原后建立的国家。

蒙古文明的青铜器时代之后是"东胡匈奴时代"。在中国服饰史上，战国早期赵武灵王非常著名的"胡服骑射"，就是学习"东胡"的服饰以

● 碧玉龙　新石器时代　国家博物馆藏.

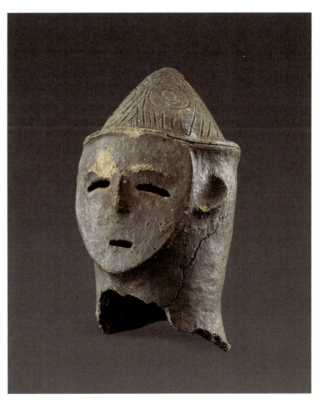

● 红陶女神像　新石器时代　内蒙古博物院藏

● "单于天降、单于和亲"
瓦当 汉代 内蒙古博物院藏

振兴赵国的军备。公元前209年，东胡被匈奴冒顿单于击败，东胡各部受匈奴人统治达3个世纪之久。出土文物中的"单于天降""单于合亲"瓦当，以及现藏内蒙古博物院的鹰顶金冠可以证明。西汉初年，卫青、霍去病率军大败匈奴，张骞出使西域打通中原与中西亚之间的商道，匈奴被迫举部西迁，分裂为"北匈奴"和"南匈奴"。这个时候，原来东胡人的一支鲜卑人逐渐占据了匈奴人遗留下的草原与大漠，鲜卑人至此逐渐强盛起来。其中，起源于大兴安岭北部的鲜卑人的一支"拓跋鲜卑"，依靠金戈铁马打出草原，入主中原汉土，建立了北魏王朝，统治中国北方长达148年，鲜卑也是第一个从草原走出来入主中原汉土的少数民族。专家确认，拓跋鲜卑人所使用的是一种古代的蒙古语方言，他们就是蒙古族的先民。

● 车马人物纹青铜饰牌 战国 赤峰市翁牛特旗博物馆藏

"鲜卑契丹时代"，大约在公元 4 世纪后半叶。北魏登国三年（388 年），鲜卑宇文部的一支从鲜卑联盟中分离出来，单独游牧于湟水与土河（今内蒙古西拉木伦河及老哈河）流域一带，自号"契丹"。500 年后，契丹新贵族耶律阿保机在草原上崛起并逐步南下，建立了历史上的"辽朝"，统治中国北方长达 209 年，契丹也是第二个从草原走出来的少数民族。

●　虎纹链式青铜带饰 战国 内蒙古博物院藏

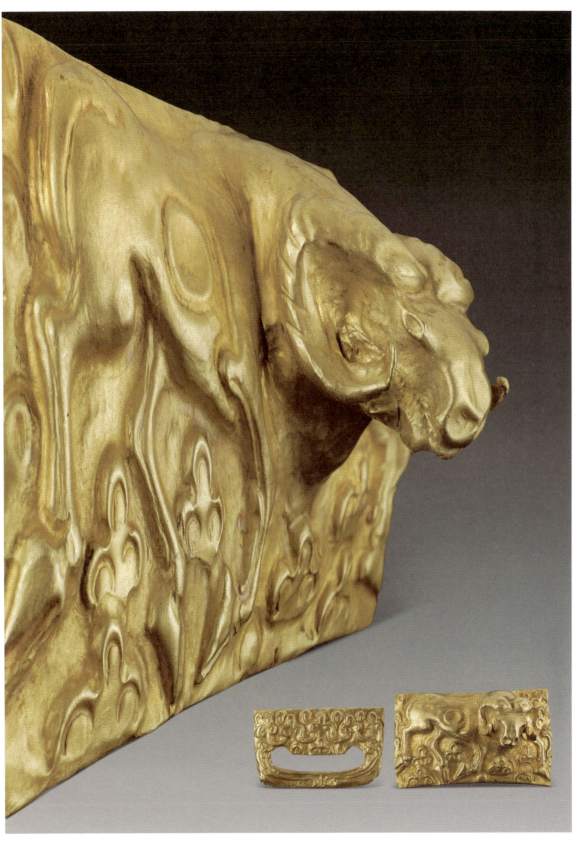

● 包金卧羊带具 西汉 鄂尔多斯市博物院藏

● 鹰顶金冠　战国　内蒙古博物院藏

● "晋鲜卑归义侯"金印
西晋　内蒙古博物院藏

当时的鲜卑按地域可分为三个部分：东部鲜卑、西部鲜卑、北部鲜卑。东部鲜卑的主体是"慕容部"，慕容部在"五胡乱华"时建立了前燕、后燕、南燕、北燕、西燕五个政权；西部鲜卑的主体是"宇文部"，是由漠西迁欧洲的北匈奴人与南下的拓跋鲜卑人混血而形成；北部鲜卑的主体是"拓跋鲜卑"，是第一个征服淮河以北土地的北方游牧民族。而柔然是拓跋鲜卑当中一支不愿意南下中原、离开世居地土默川草原的拓跋鲜卑人。他们返回占据北匈奴人遗留下的蒙古高原后，建立了影响深远的"柔然帝国"。

● 人物、动物纹金饰牌　战国　呼和浩特市民间博物馆藏

之后是蒙古文明的"室韦时代"。室韦是那批未离开今额尔古纳河左右岸原始森林的拓跋鲜卑人，在隋朝时发展成为五个大部落：南室韦、北室韦、钵室韦、深末怛室韦和大室韦。这五大部落在大唐时代已经变为二十几个部落，其中就包括成吉思汗祖先孛儿只斤氏乞颜部的蒙兀室韦。

● 狩猎纹金饰牌 隋代 宁夏博物馆藏

● 鹿首形金步摇　北魏
内蒙古博物院藏

大约在公元 5 世纪中叶，居住于今大兴安岭以西（今额尔古纳河与大兴安岭东西一带）的鲜卑人的一支被称"室韦"。蒙古，作为室韦人的一支，始见于《旧唐书》，称作"蒙兀室韦"，它就是成吉思汗家族所属蒙古部的直系祖先。在历代汉文文献中对"蒙古"一词有多种不同译写：萌古、朦骨、萌骨等，都是音译汉字记录。而"蒙古"之称，最早见于《三朝北盟汇编》所引《炀王江上录》。这些蒙兀室韦部落被当时的突厥人称呼为"塔塔尔"（汉文文献又称为"达怛"或"鞑靼"）人。多数史学家认为，"室韦""鞑靼"这两个名称在汉文典籍中可以互通互易。因此，后人

● 神兽纹包金铁带饰　北魏　内蒙古博物院藏

● 嘎仙洞遗址、嘎仙洞鲜卑人祝文拓片

● 舞乐陶俑.北魏 内蒙古博物院藏

● 彩绘木棺（局部）北朝 内蒙古博物院藏

称他们为"室韦—鞑靼人"。他们应是原蒙古人，语言保持着东胡后裔语言和方言的特点。这种语言和方言，应当叫作"原蒙古语"。《蒙古秘史》中保留的一些原蒙古语的词汇和语法现象也可以证明，这种原蒙古语与后来经过突厥化的古蒙古语有很大差别。根据《蒙古秘史》和《史集》记载，蒙古部最初只是包括捏古斯和乞颜两个氏族的小部落，他们被强悍的突厥人打败后只剩下两男两女。这两家人为了逃避敌人的追剿，逃到今天呼伦贝尔的额尔古纳河流域生息繁衍。大约经过漫长的 400 年时间，部落才重新兴盛起来，从原氏族中再分出若干氏族部落，形成了今天的蒙古民族共同体。这些史上曾经存在的共同语言、共同地域、共同文化遗存，是我们确认这些部落是蒙古民族共同体的重要民族学、人类学依据。

大约在公元 9 世纪中叶，称雄蒙古高原数百年的回鹘汗国在吉利吉思（今吉尔吉斯）人的打击下顷刻瓦解，回鹘部众四散逃走，蒙古高原又陷于群雄无主的分裂状况。原先居住在今大兴安岭地区的操古蒙古语的各大部落，包括成吉思汗家族所在的蒙古部逐渐开始了车辚辚、马萧萧的大迁徙，他们从原居住地额尔古纳河流域西迁，

● 彩绘木棺（局部）北朝 内蒙古博物院藏

移居于今蒙古国肯特省土拉河（土剌河）、鄂嫩河（斡难河）与克鲁伦河（怯绿连河）三河的源头——不儿罕山一带，填补回鹘汗国留下的地理空间，成为无比辽阔与高冷的蒙古高原的新主人。

蒙古高原北起贝加尔湖，南与中土华北相接，东至大兴安岭，西抵阿尔泰山，平均海拔1500米。其在历史地

● 蒙古国境内阿尔泰山

理上分为漠南（大致为今中国内蒙古自治区）与漠北（今蒙古国）两个地理单元，相互隔大漠而南北相望。大漠即飞沙走石、黄沙漫漫的戈壁，而漠北史称"瀚海"，历来就是草原诸民族逐鹿的历史舞台。在成吉思汗之前，东胡、匈奴、突厥、辽、金、西夏等游牧民族，都曾在这片辽阔、富饶、美丽的大草原上演绎了各自的英雄史诗。江山代有人才出，此刻蒙古族跨上了这个无比辽阔的历史大舞台，成为了名震欧亚大陆的 AB 角。

● 蒙古国境内斡难河

蒙古人从额尔古纳河流域迁徙到蒙古高原的斡难河源头肯特山一带居住后，由原始的狩猎经济逐步过渡到比较先进的游牧经济。据《蒙古秘史》记载，孛儿帖赤那的第十一世孙朵奔篾儿干死后，其妻阿兰豁阿又生了三个儿子，蒙古人传说，他们就是感光而生的"天子"。他们是从阿兰豁阿洁白的腰里出生的，因此其后裔被称为"尼伦蒙古"，被称为出身纯洁高贵的蒙古人。在这批尼伦蒙古人中，又以孛端察儿为始祖的乞颜·孛儿只斤氏最为著名。一些不属于阿兰豁阿夫人后裔的蒙古人，又被称作"迭儿列斤"，其意为一般平民出身的、沿着山岭居住的蒙古人。据此推断，尼伦蒙古人可能是指"住在山岭上的蒙古人"。蒙古人逐渐形成了尼伦蒙古和迭儿列斤蒙古两大部落集团。

● 狩猎纹金蹀躞带　唐代　内蒙古博物院藏

历史像一条奔流不息的大河。12世纪，尼伦蒙古已经繁衍了很多氏族和部落，其中有乞颜、孛儿只斤、巴阿邻、别勒古纳惕、不古纳惕、哈答斤、萨勒知兀惕、沼兀列亦惕、那牙勒、巴鲁刺思、不答阿惕、阿答儿斤、兀鲁兀惕、忙忽惕、失主兀惕、朵豁刺惕、泰亦赤兀惕、别速惕、雪你惕、合卜秃儿合思等几十个大小部落。他们都是阿兰豁阿的后代，这些氏族是蒙古部的同族集团。

● 木雕人像　辽代　赤峰市民间博物馆藏

迭儿列斤蒙古人的氏族部落也繁衍很快，其中有捏古斯、弘吉剌、兀良哈、亦乞列思、斡勒忽纳惕、火罗剌思、燕只斤、嫩真、许兀慎、逊都思、伯岳兀等几十个大小氏族部落。他们之中，有的被尼伦蒙古征服，如阿鲁剌惕、斡罗纳儿、雪你惕。在上述迭儿列斤氏族中，除弘吉剌人自成一独立而强大的集团之外，其他多数都是蒙古贵族的附属民。

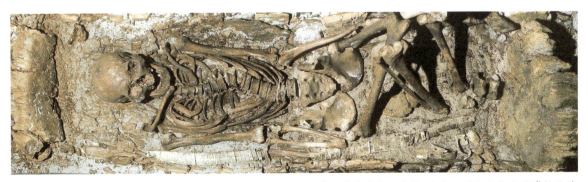

● 蒙兀室韦武士独木棺　元代　呼伦贝尔民族博物院藏

从蒙古族部落的地域分布来看，在 10 世纪至 12 世纪的蒙古高原上，从杭爱山以东直到今大兴安岭，都属于蒙古部落控制的牧场。当然，西迁的蒙古各部，又或多或少吸收了留居当地的突厥语族人口，因而蒙古人自身的语言、习俗、生产生活等方面，也或多或少受到突厥人的影响，使蒙古部落融入了突厥人的血统和文化成分。因此，有些学者也把突厥语族人作为蒙古族的族源之一，写入他们有关蒙古源流的研究著作中。

尼伦蒙古和迭儿列斤蒙古合在一起，被称作"也克蒙古"（大蒙古）或"合木黑蒙古"，其意为"一切蒙古人"。除此之外，蒙古高原上还有许多原蒙古人，如札剌亦儿人、塔塔儿人、篾儿乞人、外剌人、八儿忽人、秃马惕人等。自 9 世纪以后直到 13 世纪初，在蒙古高原西半部，还有克列、乃蛮和汪古三个强大的突厥语系部落。

综上所述，13 世纪以前，蒙古诸部落各有各的名称和活动地域。他们的社会发展进程也很不平衡。有的部落已经进入阶级社会，有的部落则处在原始氏族社会发展阶段。各部落的经济状态和生产力发展水平也不完全相同，有的主要从事"风吹草地见牛羊"的游牧业，有的则从事"弯

● 蒙古帝王石像 元代 蒙古国历史博物馆藏

弓射大雕"的狩猎活动。各部之间交流的语言也
有差异。据《蒙古秘史》记载，成吉思汗建国后，
还有 9 种不同方言。宗教信仰也互有区别，有的
信仰景教，有的则信仰萨满教。有的部落已经开
始使用文字，有的则还在刻木记事。自 12 世纪
开始，在蒙古高原上形成几大部落集团，为了争
夺统治全蒙古的权力，他们之间发生了无休止的
战争。蒙古地区形成了《蒙古秘史》所描述的"天
下扰攘互相攻劫，人不安生"的混乱局势。

● 萨满神鼓　清代　通辽市民间博物馆藏

● 萨满铁法器　清代　通辽市民间博物馆藏
● 萨满铜翁衮像　清代　通辽市民间博物馆藏

● 萨满神服　清代　通辽市民间博物馆藏

二、元朝时期，游牧文明的辉煌

　　1162年5月31日，一个小男孩在漠北草原斡难河上游的一个蒙古包里呱呱坠地，他就是孛儿只斤·铁木真。谁都没有料到，这个小家伙会成为震惊全球的"伟大征服者"。1206年，漠北草原蒙古诸部的王公贵族们在斡难河源头拥戴44岁的铁木真为"成吉思汗"，从此开始了统一蒙古各部落的"十三翼战争"，并最终统一蒙古高原。向南，成吉思汗一度联合偏安长江之南的南宋，夹击辽金，南宋彭大雅《黑鞑事略》记录其详。向西南，成吉思汗开始长达20余年的蒙夏战争。向西，成吉思汗率领蒙古铁骑攻灭花剌子模国，纳收乃蛮部落太阳汗的畏兀儿人"塔塔统阿"为掌印国傅，又在班师途中抽空接见来自中土的全真教掌教长春真人丘处机，在大金帐中与丘道长讨论养生与杀戮的命题，元人李志常《长春真人西游记》记录其详。1227年8月28日，成吉思汗在征西夏的途中病死在六盘山下，出师未捷身先死，他的儿子窝阔台继承他的遗志在1234年灭亡金朝；1260年，他的孙子忽必烈在宫斗中胜出，做了蒙古国大汗。至元二年（1265年），忽必烈追尊成吉思汗为"元太祖"，享太庙。至元三年（1266年），忽必烈又追尊他为"圣武皇帝"。1271年，蒙古汗国取汉文典籍《易经》"大哉乾元，万物资始"之意，改国号为"元"，并将都

● 成吉思汗画像　元代　台北故宫博物院藏

● 成吉思汗陵供奉的苏勒德　元代　成吉思汗陵管理局藏

城从苦寒的漠北和林南迁至相对温暖繁华的大都(今北京)。1279年，元军在崖山海战中灭了南宋，从而结束了唐宋末年以来分裂割据的混乱局面，建立了地域横跨欧亚大陆的元朝，开始了五世十一帝长达98年的统治。

元朝成立之后，其铁骑深入中亚、西亚和欧洲，征服了征途中若干个强国，先后有40多个国家、700多个民

● 铁盔　元代　锡林郭勒盟博物馆藏
● 铁甲　元代　锡林郭勒盟博物馆藏

族都归附于它。元帝国疆域东起太平洋，西到地中海之滨与西欧为邻，北及北冰洋，南临印度洋，建立了人类历史上领土面积空前巨大的蒙古帝国，可谓前无古人，后无来者。这时候的蒙古族，已经变成了横跨欧亚大陆而居的世界性民族。欧亚大陆和蒙古高原上原有的民族、部落，都被成吉思汗和他的子子孙孙统一在一个汗权统治之下。

在中国服饰发展史上，元代织金锦是非常光辉的篇章。织金锦又名"纳石失"，《元典章》记载在弘州就设有专事织金锦的官方机构"纳石失局"。这一切都源于成吉思汗和他的儿子们术赤、察合台、窝阔台和拖雷对黄金的超级崇拜，他们被

● 铁盔 元代 内蒙古博物院藏
● 锁子甲 元代 鄂尔多斯东联集团博物馆藏

称为"黄金家族"。史载成吉思汗曾经发誓，要让他的每一个家族成员穿上黄金织成的皮袍！《元典章》所载丝织物中就收录了织金麒麟、织金狮子、织金虎、织金豹等金光四射的猛兽图纹。另有文物也可以佐证成吉思汗"黄金家族"纳石失的金光灿灿：故宫博物院现藏一件红地龟背团龙凤纹纳石失披肩，由织金灵鹫纹锦、织金团花龙凤龟子纹锦、织金缠枝宝相花纹锦拼缝而成。其金线粗，花纹大，历经 800 余年仍然金光四射，是民族服饰中不可多得的国宝！

● 武士铜雕像　元代　包头市博物馆藏

成吉思汗军事领土的扩张和分封制度，使蒙古族和他的后裔在历史长河中分流成两部分：走向西方他乡的蒙古族和留在东方故土的蒙古族。

● 格里芬织金锦辫线长袍　元代　锡林郭勒盟博物馆藏

随军来到西方的蒙古族走过了这样一条不平坦的路：成吉思汗把西方广袤的土地分封给自己的儿孙以后，西道诸王们带领自己的军队和属民，苦心经营着这些远离蒙古故土的西方领地。最初这些土地是蒙古帝国不可分割的一部分，但是自 13 世纪 60 年代以后，蒙古帝国在西方的领

● 纳石失织金锦长袍　元代　呼和浩特民间博物馆藏

地逐渐分裂为金帐汗国、窝阔台汗国、察合台汗国、伊儿汗国这四大汗国。蒙古大汗成为中国历史上元朝的皇帝，四大汗国在名义上与元朝仍保持着宗主关系，但各汗国宗王所推戴的君主又有权处理本汗国的大事，后来他们逐渐脱离于蒙古大汗，成为远离蒙古故土而又各自独立的国家。

蒙古帝国时期有四位青史留名的皇帝：成吉思汗、窝阔台、贵由、蒙哥。而忽必烈既是蒙古帝国的皇帝，也是元朝的开国皇帝。从忽必烈的孙子铁穆尔开始，蒙古帝国就已经开始分裂，只是保持名义上的大汗宗主国——元朝。但在当时，另外几个汗国已经开始独立行使权力，这几个汗国包括金帐汗国、伊尔汗国、察合台汗国、窝阔台汗国。"金帐汗国"由成吉思汗的大儿子术赤之子拔都建立。"伊尔汗国"由忽必烈的弟弟，也就是拖雷的三儿子旭烈兀所建，

● 八思巴文"中书分户部印"元代 赤峰市克什克腾旗博物馆藏

● 纳石失织金锦弓囊　元代　呼和浩特民间博物馆藏

在今天中亚的伊朗、伊拉克、阿富汗、阿塞拜疆、格鲁吉亚等一带。"察合台汗国"是成吉思汗的二儿子察合台和他的后裔建立的国家，在今天的费尔干纳盆地、撒马尔罕盆地、布哈拉等最富庶的地区以及周边水草丰美的草原。"窝阔台汗国"由成吉思汗的三儿子和他的后裔所建，在今天的阿勒泰草原和叶尼塞河结合的区域。

● 忽必烈画像　元代　台北故宫博物院藏

● 窝阔台画像　元代　台北故宫博物院藏

● 伊尔汗国金币、银币　元代　内蒙古博物院藏
● 四大汗国金币　蒙古汗国　内蒙古博物院藏
● 察合台汗国银币　元代　内蒙古博物院藏

● 《备宴图》壁画 元代 乌兰察布市凉城县墓葬

● 《夫妻对坐图》壁画 元代 赤峰市博物馆藏

三、明清时期，远去的马蹄声

元朝被朱元璋推翻后，蒙古短时间内分裂为许多部落，后来，按照所居地域逐渐形成为三大部分：一是分布在今天内蒙古自治区和东北三省的蒙古，被称为"漠南蒙古"，即为科尔沁部；二是分布在今蒙古国境内的蒙古，被称为"漠北蒙古"，即为喀尔喀部；三是分布在今天新疆、青海和甘肃一带的蒙古，被称为"漠西蒙古"，即为厄鲁特蒙古。

● 牵马灰陶俑　元代　内蒙古博物院藏

● 赤峰市阿鲁科尔沁旗草原

● 蒙古国杭爱省草原

● 呼和浩特市清水河县板申沟1号敌台（箭牌楼）

　　明王朝建立伊始，就在今辽宁东西部、漠南南部、甘肃北部和新疆哈密一带，先后设置了蒙古卫所20多处。各卫所长官都由蒙古封建领主担任，成为统治蒙古地区的军政合一的最高长官。15世纪初，漠西蒙古瓦剌部（即元代的斡亦剌部）和

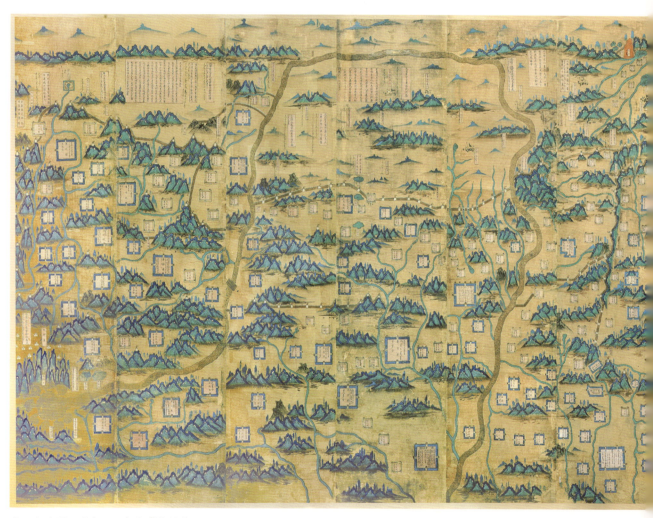

● 九边图　明代　辽宁省博物馆藏

东部蒙古本部（明朝人称为"鞑靼"）先后向明王朝称臣纳贡，与明王朝建立了臣属关系。其中，漠西蒙古瓦剌部首领也先，还被明英宗封为大明王朝"太师"，每年派出数千人的朝贡大军以求明王朝的厚赏。明正统十四年（1449年），也先派三路大军骚扰明朝北方边境。明英宗朱祁镇率50万大军御驾亲征，在今河北怀来县土木堡全军覆灭，

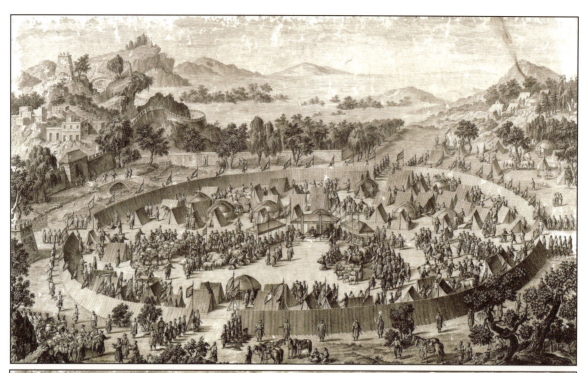

● 《征回部》水印画 清代 内蒙古博物院藏

明英宗被也先俘获到草原深处。这就是明史上著名的"土木堡之变"，从另一个侧面反应了明王朝与漠西蒙古时战时和的关系。

明朝末期，北方蒙古又分裂为数十个部落。达延汗曾一度统一东部蒙古各部势力，在调整草原上大小王爷领地的基础上，重新划分了六个万户，分左、右两翼，每翼各三万户。16世纪中叶以后，原驻牧于哈拉哈河两岸及克鲁伦河附近的东部蒙古本部中的喀尔喀部逐渐向漠北迁移，

● 鄂尔多斯右翼中旗扎萨克银印　清代　内蒙古博物院藏

● 《蒙古人的一天》局部　清代　蒙古国历史博物院藏

形成札萨克图汗、土谢图汗、车臣汗这三大部。其中，土谢图汗部又分出赛音诺颜汗部，统称"喀尔喀四部"，是为漠北蒙古，而蒙古本部的其他部仍留居于原地，形成了漠南蒙古。1571 年，明廷册封漠南蒙古右翼领主、土默特部俺答汗为"顺义王"，并授予其他领主以各种官职。漠

● 《蒙古人的一天》局部　清代　蒙古国历史博物院藏

南蒙古左翼领主则继续与明朝处于对立状态。而实力强大的漠西蒙古瓦剌部在 16 世纪时，又分为准噶尔（绰罗斯）、杜尔伯特部、土尔扈特部、和硕特四部。明末，土尔扈特部曾经一度移牧于今俄罗斯伏尔加河下游。清乾隆三十六年（1771 年），土尔扈特部首领渥巴锡不堪俄国叶卡捷琳娜女皇的征调与奴役，带领 10 万部众重返故土，移牧在今日新疆水草丰美的巴音布鲁克草原，这就是清史上著名的"渥巴锡东归"。而和硕特部则向东南迁徙，移牧于青海、西藏、甘肃等地的草原与峡谷。

清初，漠南蒙古 16 个部 49 个封建主在 1636 年前后集体归服于清廷。此后，漠北蒙古和青海的厄鲁特蒙古各部封建主也先后向清朝遣使纳贡。与此同时，沙俄的侵略也拓展中国新疆厄鲁特蒙古地区，收买和策动厄鲁特准噶尔部贵族噶尔丹等对青海蒙古、漠北蒙古和漠南蒙古发动多次侵袭。清乾隆二十九年（1764 年），宫廷画家郎世宁等绘写 16 幅《平定准部回部得胜图》，以纪乾隆帝之战功。由于郎世宁

● 阿拉坦汗画像

● 《阿拉坦汗供马图》 明代

的油画具有写实风格，因此，漠西蒙古各部服饰风格与款式在这些画作中都有展示。1776年，清朝彻底平定了准噶尔少数贵族的叛乱，重新统一了蒙古族地区。为了加强对蒙古地区的统治，在重新调整蒙古原来的大小封建领地"兀鲁斯""鄂托克"的基础上，清政府参照满族的八旗制，将蒙古分为内属蒙古与外藩蒙古，实行盟旗制与札萨克制。内属蒙古各旗由朝廷任命官员治理，与内地的州、县无异。外藩蒙古各旗则由当地的世袭札萨克管理，有一定自治权。在外藩蒙古，又以若干旗合为一盟，设正、副盟长，掌管

● 阿拉善盟额济纳旗土尔扈特回归纪念碑

会盟事宜，并对各旗札萨克进行监管。在清廷，则由理藩院统管蒙古事务，康熙第十七子允礼就被其四兄雍正帝封为"理藩院大臣"，专署边疆各民族事务，是为史上著名的"果亲王"。由此，蒙古地区被划分为内、外蒙古，并逐渐发展为后来的区划。

民国时期，外蒙古地区被迫分割出去并宣布独立，成立"蒙古人民共和国"，而内蒙古地区依然属中国政府领导，依然保持着清末时期的行政划分。

● 阿拉善盟巴丹吉林沙漠

四、跨国民族，辽阔草原上的蒙古族部落之花

蒙古族在数千年的历史发展进程中，在横跨欧亚大陆的广袤土地上，征伐、分裂、统一、融合，形成了无数大大小小的部落。从《蒙古源流》《蒙古秘史》《蒙古黄金史》三大史学巨著中，结合当地蒙古人的大聚居特点和人类学的田野调研，我们梳理了国内外蒙古人的部落之花，可为蒙古族服饰文物的深入研究提供支持。

● 《草原生活图》局部　清代　内蒙古博物院藏

1.历史长河中的草原明珠，中国境内二十八大蒙古族部落

内蒙古地区蒙古族部落涵盖内蒙古地区东、西部，共28个蒙古族部落。

● 黄缎男袍 清代 蒙古国历史博物馆藏

● 土尔扈特部女帽　清代　阿拉善盟博物馆藏

（1）阿巴嘎部落

阿巴嘎部落位于内蒙古自治区锡林郭勒盟中西部。"阿巴嘎"蒙古语为"叔叔"之意。因部落首领为元太祖成吉思汗同父异母兄弟别力古台，故将其所率部落称为"阿巴嘎"部落，沿用至今。

（2）阿巴哈纳尔部落

阿巴哈纳尔部落位于内蒙古自治区锡林郭勒盟中北部。"阿巴哈纳尔"蒙古语为"叔叔们"之意，是蒙古族古老部落之一。因部落首领为元太祖成吉思汗同父异母之弟别里古台后裔，故将其所率部落称为"阿巴哈纳尔"部落，沿用至今。

（3）阿拉善和硕特部落

阿拉善和硕特部落位于内蒙古自治区西部阿拉善盟境内，是中国卫拉特蒙古四部之一。一些学者认为"和硕特"为蒙古语"先锋"之意。中外史籍大都认为他们是元太祖成吉思汗之弟哈布图哈萨尔的后裔。内蒙古境内的和硕特部则是乌鲁克特穆尔的后裔。

（4）阿拉善土尔扈特部落

阿拉善土尔扈特部落位于内蒙古自治区阿拉善盟境内。一些学者认为，"土尔扈特部落"的名称，来自于成吉思汗禁军护卫的名称（突厥语，意为"巡更者""哨兵"，再加蒙古语词尾复数形式构成），与元朝的"秃鲁花"军同义，以其职业为名。土尔扈特是卫拉特蒙古四部之一。《蒙古游牧记》载土尔扈特部落是元臣翁罕的后人。《蒙古源流》作"克哩叶特之翁罕"。据此，土尔扈特部落原属克烈一支。

● 《蒙古人的一天》局部　清代　蒙古国历史博物院藏

（5）阿拉善浩腾蒙古部落

信仰伊斯兰教的蒙古族也分布在内蒙古自治区阿拉善盟境内，被称为"浩腾蒙古"，也称"蒙古回回""缠头回回"或"信仰伊斯兰教的蒙古人"。明末清初，他们从新疆移居到内蒙古自治区阿拉善地区。

（6）阿鲁科尔沁部落

阿鲁科尔沁部落位于今内蒙古自治区赤峰市东北部。阿鲁科尔沁系蒙古语译音，"阿鲁"是山北之意，"科尔沁"是弓箭手。该部落为元太祖之弟哈布图哈萨尔十七世

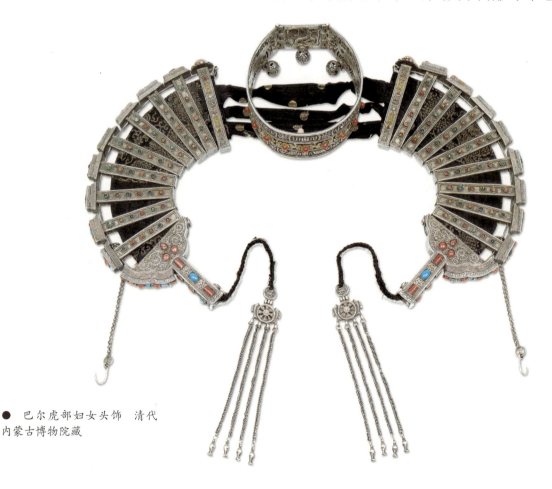

● 巴尔虎部妇女头饰　清代
内蒙古博物院藏

孙昆都伦岱青之部落。因其部落始牧于杭爱山之北，为区别其伯祖奎蒙克塔斯哈喇之嫩科尔沁，故称为"阿鲁科尔沁部落"。

（7）敖汉部落

敖汉部落位于今内蒙古自治区赤峰市东南部。敖汉，蒙古语为"老大"之意。据《清史稿》记载，元太祖（成吉思汗）十五世孙达延车臣汗长子图鲁博罗特，在明代由杭爱山徙牧至瀚海，南渡老哈河。图鲁博罗特之次子纳密克，纳密克之子贝玛土谢图有二子，其中长子岱青杜楞，号所部曰"敖汉"。

● 布里亚特妇女棉袍 清代 内蒙古博物院藏

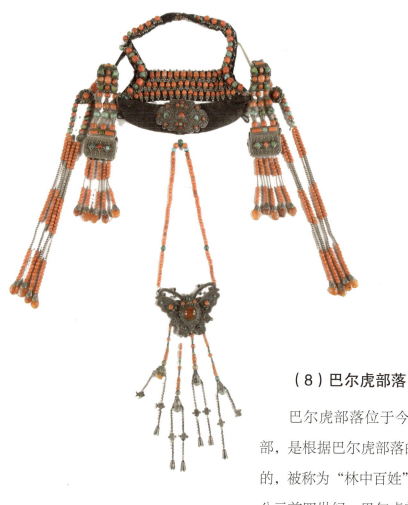

（8）巴尔虎部落

巴尔虎部落位于今内蒙古自治区呼伦贝尔草原西南部，是根据巴尔虎部落的远祖巴尔虎岱巴特尔的名字命名的，被称为"林中百姓"，是生活在森林当中的狩猎民族。公元前四世纪，巴尔虎部落的首领巴尔虎岱巴特尔带领着他的部落来到了贝加尔湖畔。其驻牧地在贝加尔湖以东巴尔古津河一带。

（9）巴林部落

巴林部落位于今内蒙古自治区赤峰市中北部。巴林系蒙古语，有"要塞""哨所""军寨"之意。明代嘉靖年间，元太祖十八世孙苏巴海始创巴林部落。明崇祯七年（1634年），分封为巴林左翼、巴林右翼二旗。清顺治五年（1648年），定名为巴林左、右翼旗，设札萨克衙门，会盟昭乌达。

● 蒙古妇女头饰　清代　呼和浩特民间博物院藏

（10）布里亚特部落

布里亚特蒙古人聚居区位于今内蒙古自治区呼伦贝尔草原东南部。其是以人名"布里亚特"（历史上曾记载：巴日格巴特日有三个儿子，次子名"布里亚特"，他就是布里亚特蒙古人的先人）作为部落的名称，延续至今，也称为"林木中百姓"。

● 察哈尔蒙古部男棉袍　清代　内蒙古博物院藏

（11）察哈尔部落

察哈尔部落位于今内蒙古自治区锡林郭勒草原南部。关于"察哈尔"的名称，学界大多数认为源于古突厥语，是"汗之宫殿卫士"，即大汗护卫军的意思。古代蒙古察哈尔部落，原驻牧于阿尔泰山，其汗为蒙古各部的"共主"，世袭蒙古汗位。察哈尔蒙古起源于蒙古帝国初期，前身是成吉思汗的"怯薛"（大汗护卫军）后随着北元汗廷迁到漠南草原。

● 茂明安部落妇女头饰　清代　通辽市博物馆藏

（12）达尔罕部落

达尔罕部落位于今内蒙古自治区包头市东北部。达尔罕，蒙古语，可译为"神圣的、崇高的、不可侵犯的"。达尔罕部落原属喀尔喀蒙古土谢图汗部之一部分，于1653年归附清廷，清初置达尔罕贝勒旗（又名"喀尔喀右翼旗"），是喀尔喀七部直系，于1952年8月与茂明安合并为联合旗。

（13）四子部落

四子部落，位于内蒙古自治区乌兰察布草原西北部。成吉思汗胞弟哈布图哈萨尔第十五世孙诺颜泰奥特根共有四子：长子僧格、次子索诺木、三子鄂木布、四子伊尔扎木。清政府为了区别另一支杜尔伯特（四子）部落，即称为"四子部落"（意为"四个儿子的部落"）。1649年，部落自呼伦贝尔迁徙到现在乌兰察布市四子王旗境内。

● 鄂尔多斯部妇女头饰 清代
内蒙古博物院藏

（14）鄂尔多斯部落

鄂尔多斯部落位于今内蒙古自治区西南部。"鄂尔多"（斡尔朵）为蒙古语"宫帐"之意，"鄂尔多斯"是鄂尔多的复数，即"宫帐群"。成吉思汗去世后，将遗体迁往漠北草原时，在鄂尔多斯留有成吉思汗及其夫人遗物的祭祀宫帐，称"八白室"，后"鄂尔多斯"（多宫殿之意）名称延续至今。

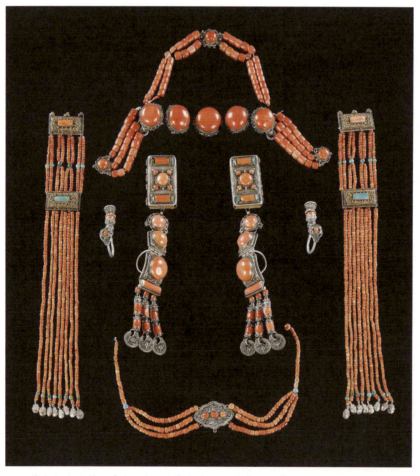

● 蒙古妇女头饰　清代　呼和浩特市将军衙署博物院藏

（15）浩齐特部落

浩齐特部落位于今内蒙古自治区锡林郭勒盟中东部。浩齐特，蒙古语为"天长日久"之意。元太祖十六世孙图噜博罗特，再传至库登汗，号其部曰"浩齐特"。1623年，其因与林丹汗不睦，迁至喀尔喀；1634年回迁，分为左、右翼旗；1949年与乌珠穆沁左右翼旗合并为东部合旗。

（16）呼伦贝尔厄鲁特部落

呼伦贝尔厄鲁特部落位于今内蒙古自治区呼伦贝尔草原鄂温克旗境内。厄鲁特蒙古是中国古代对西部蒙古的称呼。元代称斡亦剌，明代称瓦剌，清代称卫拉特、厄鲁特、漠西蒙古等。蒙古语"草原百姓"之意。1731年，清廷将一部分厄鲁特人迁往呼伦贝尔，游牧于今锡尼河南、伊敏河东地区。这一部分厄鲁特蒙古因先期迁来，称为陈厄鲁特。1755年，又有一部分厄鲁特人迁居呼伦贝尔，称新厄鲁特。

● 巴尔虎部妇女胸饰　清代　内蒙古博物院藏

（17）喀喇沁部落

　　喀喇沁部落位于今内蒙古自治区赤峰市西南部。"喀喇沁"蒙古语，意思是"重要的人"或"伟大的人"，也有"守卫者"之意。喀喇沁部落是成吉思汗的功臣者勒篾后裔，属于乌梁海氏。

● 蒙古妇女头饰　清代　蒙古国历史博物馆藏

（18）科尔沁部落

科尔沁部落位于今内蒙古自治区通辽市和兴安盟境内。"科尔沁"，为蒙古语"弓箭手"或"带弓箭的侍卫"之意。科尔沁部落为成吉思汗胞弟哈布图哈萨尔后裔所统领的部落。

（19）克什克腾部落

克什克腾部落位于今内蒙古自治区赤峰市西北部。克什克也做却薛，意为"值班"，克什克腾意为"值班人"。蒙古汗国时，克什克腾是护卫值勤部队，分班轮流值勤。这一制度一直延续到明朝。在达延汗时期，克什克腾部落隶属察哈尔万户，是亲军中的护卫军。

（20）茂明安部落

茂明安部落位于今内蒙古自治区包头市东北部，于1653年归附清廷，后改为茂明安旗。1952年，其与达尔罕旗合并为达尔罕茂明安联合旗。一些学者认为茂明安为蒙古语，"茂"为"不好、差的"之意，"明安"为"千"之意。据学者解释，当时茂明安部落是由好的和差的牧户组成，受到歧视，后逐步形成此名（此说法有待进一步考证）。茂明安部落是元太祖成吉思汗的胞弟哈布图哈萨尔的后裔。1653年后，其由呼伦贝尔草原迁至此地。

● 银鎏金佩饰 清代 通辽市博物馆藏

● 巴尔虎部妇女头饰　清代　内蒙古博物院藏

（21）奈曼部落

奈曼部落位于今内蒙古自治区通辽市东南部，早期称为"乃蛮"。"奈曼"为蒙古语，意为"八"。据《清史稿》记载，元太祖（成吉思汗）十五世孙达延车臣汗（达延汗）长子图鲁博罗特，于明代由杭爱山徙牧瀚海，南渡老哈河。图鲁博罗特之次子纳密克，纳密克之子贝玛土谢图生子二，长子岱青杜楞，号所部曰"敖汉"；次子额森伟征诺颜，也以"奈曼"为部号。

（22）苏尼特部落

苏尼特部落位于今内蒙古自治区锡林郭勒盟西北部。《蒙古秘史》译作"雪你惕"；《元史》称作"雪泥"；清代以来均称作"苏尼特"。"苏尼特"一词的来历有三种解释。一说苏尼特部落是从蒙古国腹地迁来，日行夜宿而得名，"苏尼"指夜，"特"指数量词，表示多。二说"苏尼特"来源于"苏尼古奇"（古时音：苏尼古德）一词，意为"好奇"。据说，此部落的人好奇心强，善于猎奇。三说他们为统一蒙古立过汗马功劳，因而画地赐名，其中把苏尼特首领格鲁根巴特尔排在第五位。蒙古史学界大多认为，苏尼特部落是成吉思汗祖先包尔吉根氏族形成以前的部落之一，最早居于贝加尔湖南部，后部落名称又成为氏族名称。

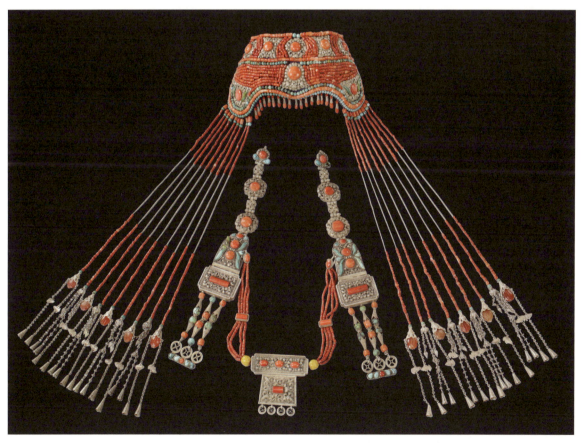

● 乌珠穆沁头饰　清代　锡林郭勒盟博物馆藏

（23）土默特部落

土默特部落位于今内蒙古自治区呼和浩特市西部和包头市东部。"土默特"蒙古语为"万"，原为"秃马惕"，是蒙古族一个古老部落的名称。明早期，其用以指土默特部落集团或万户；清代，称为归化城土默特旗以及喜峰口外土默特旗。

（24）翁牛特部落

翁牛特部落位于今内蒙古自治区赤峰市中部。"翁牛特"，蒙古语意为"神圣的山"，因原部族信奉山神而得名。据《蒙古游牧记》载，元太祖同母第三弟诺楚因，其后裔蒙克察罕诺颜，有二子，长子巴颜岱青洪果尔诺颜，号所部曰"翁牛特"。另外，别勒古台的后裔有一部分驻牧在大兴安岭以东，后他们所领有的部落也称为"翁牛特"。

（25）乌拉特部落

乌拉特部落位于今内蒙古自治区巴彦淖尔市乌拉特前、中、后三旗，包头市达茂联合旗。"乌拉特"，蒙古语意为"能工巧匠"。乌拉特部落为元太祖成吉思汗胞弟哈布图哈萨尔十五世孙布尔海，号其所部曰"乌拉特"。1648 年，其由牧地呼伦贝尔草原迁至乌拉特草原。

● 圆顶狐皮帽　清代　内蒙古博物院藏

（26）乌珠穆沁部落

乌珠穆沁部落位于今内蒙古自治区锡林郭勒盟东部。"乌珠穆沁"，蒙古语意为"种葡萄的人"，是蒙古族古老部落之一。其先民游牧于蒙古杭爱山脉盛产野山葡萄的地带。明早期，成吉思汗十五世孙达延汗统一漠南蒙古各部后，为了进一步巩固和加强漠南地区，将其长子图噜博罗特为首领的部族从漠北杭爱山一带调集到漠南，统领察哈尔部。图噜博罗特之子博第阿喇克之三子翁衮都喇尔为乌珠穆沁部落首领。

● 乌珠穆沁部坎肩　近代　内蒙古博物院藏

（27）扎赉特部落

扎赉特部落位于今内蒙古自治区兴安盟境内。"扎赉特"系蒙古语，"扎赉"为"洼地"之意，为古代蒙古族部落的名称。明代，成吉思汗弟哈布图哈撒尔第十五世孙博第达喇把科尔沁部以河为界，划给自己的儿子们做牧地，其九子阿敏分得嫩江以西的绰尔河流域，始号"扎赉特部"。

● 科尔沁部女袍　清代　通辽市博物馆藏

● 喀尔喀部妇女头饰　清代　锡林郭勒盟博物馆藏

（28）扎鲁特部落

扎鲁特部落位于今内蒙古自治区通辽市西北部。"扎鲁特"系蒙古语"扎儿赤兀惕"的谐音，意为"仆人"。扎鲁特是蒙古族部落之一。据史书记载，成吉思汗十五世孙达延汗之孙和尔朔哈萨尔长子乌巴什号所部为扎鲁特。其原为兀良哈部的一支，成吉思汗家族的仆人，故名"扎儿赤兀惕氏"，后演变为该部落的名称。

● 喀尔喀部男袍　清代　蒙古国历史博物馆藏

● 喀尔喀部女袍、皮靴　清代　蒙古国历史博物馆藏

● 和硕特部红缨帽　清代
内蒙古博物院藏

2.跨越时空的跨国民族，中国境外六大蒙古族部落

（1）喀尔喀蒙古

蒙古国国土面积 156.65 万平方公里，人口 294 万人。历史上，这片土地先后受匈奴、鲜卑、柔然、突厥、回鹘、黠戛斯、契丹、元、明、清王朝所统治，1911 年宣布自治，1924 年成立蒙古人民共和国，1992 年改名"蒙古国"。蒙古国是由众多同属于蒙古族血统的不同部落所组成。唯一例外的是哈萨克人，属于突厥血统，生活在蒙古国西部省份，拥有自己的民族语言和宗教信仰。蒙古族的大部落属于克尔克孜部落，另外还有很多不同方言的蒙古族。

（2）卡尔梅克部

卡尔梅克是欧洲人对厄鲁特蒙古人即卫拉特蒙古人，亦即元代的翰亦剌、明代的瓦剌的称呼。明末清初，卫拉特部蒙古人分为四部：和硕特、准噶尔、杜尔伯特、土尔扈特。后来，准噶尔部强盛，土尔扈特部不服准部统治，于 1616 年在首领和鄂尔勒克带领下，越过吉尔吉斯草原，与俄罗斯人讲和。不久，和鄂尔勒克移居于托波尔河上游，以其女嫁西伯利亚后人，并征服花剌子模部分领地。1643年，和鄂尔勒克移营至伏尔加河下游阿斯特拉罕附近，与诺盖人密谋，使其脱离俄国，受到俄国人的弹压。1650年，西伯利亚一带的土尔扈特部遣使向清顺治帝表示臣服。1673年，顿河和额济勒河（伏尔加河）之间的土尔扈特部首领阿玉奇，为了得到俄国每年的丰厚赠礼，向叶卡捷琳娜女皇表示效忠。同时，该部与克里米亚汗国、达赖喇嘛、中国清朝皇帝都继续保持密切的联系。后来，叶卡捷琳娜女皇不断向其征兵，用于对奥斯曼土耳其作战，使得蒙古族男丁锐减，面临灭族的危险境地。这激起土尔扈特人的激烈反抗，部分土尔扈特人在首领渥巴锡（阿玉奇）的率领下从伏尔加河流域东归故土，一路上遭俄军和哈萨克人的拦截，死伤无数，最后剩三万余人到达今中国新疆巴音布鲁克草原。其他未能东归的蒙古人留在伏尔加河下游，继续受到俄国的统治。1920年，该地成立卡尔梅克州；1935年，成立卡尔梅克共和国；1943年，卡尔梅克共和国又被取消；1957年，重设卡尔梅克自治州；1958年，重新恢复卡尔梅克自治共和国，苏联解体后改为俄罗斯联邦内的自治共

● 布里亚特部女坎肩　清代　内蒙古博物院藏.

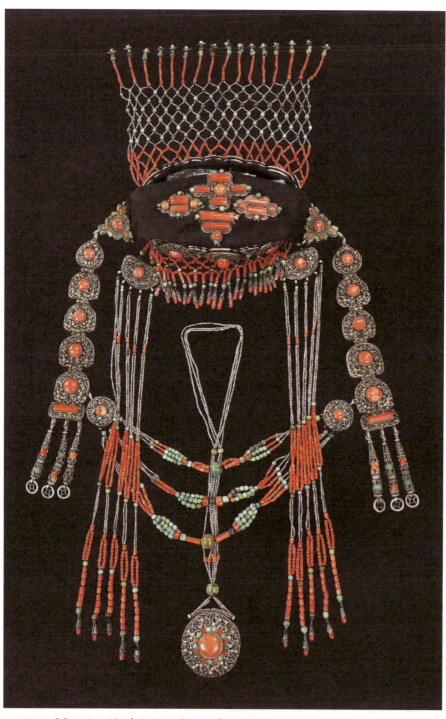

● 阿巴嘎部妇女头饰 清代 锡林郭勒盟博物馆藏

和国。卡尔梅克人至今还信奉藏传佛教，讲卫拉特蒙古语，卡尔梅克共和国现在是欧州唯一的佛教国家，首府埃利斯塔。

（3）布里亚特部

布里亚特部元代被称为"不里牙惕"。布里亚特蒙古人从种族上是厄鲁特蒙古人的近支，原游牧于外贝加尔湖地区，后来向北发展到叶尼塞河和勒拿河之间地区。1631年，俄国人到达叶尼塞河支流通古斯卡河上游，立即与布里亚特人发生冲突。经过25年的战争，布里亚特人被完全压服，才臣服于俄国。但其中一部人反抗到底，向南移入喀尔喀领地。另外一部分，当清军在黑龙江以西打败俄国人后投向中国，被赐名"巴尔虎人"，编入八旗。布里亚特共和国位于贝加尔湖东，南与蒙古国接壤，首府乌兰乌德。1923年，成立布里亚特蒙古自治共和国；1958年，改为布里亚特自治共和国；1990年，苏联解体前夕改为俄罗斯联邦内的自治共和国。另外，俄罗斯联邦境内还有两个布里亚特自治区在贝加尔湖以西：乌斯奥尔丁布里亚特自治区（属伊尔库茨克州）、阿金布里亚特自治区（属赤塔州）。

● 女坎肩 清代 蒙古国历史博物馆藏

（4）鞑靼部落

鞑靼人属突厥语族，混合了蒙古人和跟随蒙古人西征的突厥人的血统，他们主要居住在俄罗斯联邦内的鞑靼斯坦共和国，和西伯利亚、中亚一带的土库曼斯坦和乌兹别克斯坦（1944年被斯大林从克里米亚强行迁入）。苏联共有600多万鞑靼人，分为喀山鞑靼人、克里米亚鞑靼人、西伯利亚鞑靼人等，是今俄罗斯人口最多的少数民族。那些迁入中国新疆境内的鞑靼人被称"塔塔尔族"，他们大

● 女袍　清代　蒙古国历史博物馆藏

多数是逊尼派穆斯林，少数改信东正教（也称"楚瓦什人"，
主要在俄罗斯联邦楚瓦什共和国境内），还有部分人信原
始萨满教。鞑靼斯坦共和国辖区内的鞑靼人属于喀山鞑靼
人。他们的祖先主要是伏尔加－保加尔人。保加尔人原居
中亚一带，后随匈奴人西迁到黑海以北，7世纪时分为五部，
一部西迁到多瑙河下游地区，联合斯拉夫人打败了东罗马

● 男袍　清代　蒙古国历史博物馆藏

帝国的军队，建立保加利亚共和国，后被当地的斯拉夫人同化，成为基督徒。后来，保加尔人就成为同化了这支保加尔人的斯拉夫人的名称。另一支保加尔人北上到伏尔加河中游、卡马河流域一带，称伏尔加－保加尔人，蒙古西征时称他们为"不里阿耳"，被成吉思汗的孙子拔都征服。拔都西征结束时建立钦察汗国，跟随拔都留下的蒙古人只有4000户，原来参加拔都西征的军队约15万人。西征结束后，其他各系宗王的部队都回原来的领地去了，剩下的都是拔都自己的部队，大都是来自中亚的突厥人。他们淹没在突厥人的汪洋大海里，后来逐渐被周围操突厥语的诸部混血同化，讲突厥语，信伊斯兰教。后来，蒙古国人和钦察汗国统治下的伏尔加－保加尔、钦察等突厥民族共同使用蒙古人带来的名字——鞑靼人，伏尔加－保加尔人也就失去了自己原来的名字。

● 喀尔喀部妇女头饰 清代 蒙古国历史博物馆藏

（5）图瓦部落

图瓦人，中国史籍称"都波人""萨彦乌梁海人""唐卢乌梁海人"等。俄国人称其为"索约特人""唐努图瓦人"等。图瓦人的族源主要有两个方面：一个是铁勒－突厥；另一个是鲜卑－蒙古。从族名来看，图瓦人无疑与都波人有较大的渊源。都波人是九姓铁勒中最北的一部之一，大致分布在今贝加尔湖西南方位、叶尼塞河上游一带，这里是突

● 喀尔喀部女袍　清代　呼和浩特民间博物馆藏

厥人南迁之前的摇篮。2世纪时，匈奴衰微，鲜卑人大举进据漠北，遂与留居其地的匈奴人发生了大规模混血融合。其中，拓跋鲜卑最为遥远，漠北的北部和西部也受到了影响，都波部落更为显著，其得名也与拓跋有关。突厥兴起后，都波部落隶属于突厥。今人研究发现，图瓦人保留了许多古代突厥语的特点，应与此有密切关系。

● 银挂饰 清代 蒙古国历史博物馆藏

图瓦人的另一个源头与乌梁海有关，"乌梁海"是清代的译法，元明时多译"兀哈部"。速不台之子兀良合台是蒙古帝国的得力干将，西征欧洲，南灭大理，功业圆满。兀良哈在蒙古形成之前以"翰良该"或"搵良改"之名居于漠北的极北部，即今贝加尔湖以东、鄂嫩河上游一带。再往前追述，就是隋唐时的"骨力干"。他们是九姓铁勒中最北的一部，位

● 男袍　清代 蒙古国历史博物馆藏

● **女坎肩**　*清代　蒙古国历史博物馆藏*

于都波部落的东北方。总而言之，图瓦人这一分支最初的源头还是铁勒。其为一新兴部落群，虽以东胡后裔的室韦逐步成为主体，但也加入了不少像兀良哈这样原属铁勒－突厥系统的部落（克烈部、乃蛮部等），这也是毫不奇怪的。现今在中国新疆境内阿勒泰地区居住有一部分操图瓦语的人，其民族成分也是蒙古族，并且新疆的蒙古族大多数是西蒙古，即瓦剌－厄鲁特的后裔。图瓦人多信奉喇嘛教，但萨满教还是有很深的影响的。同时，其也有少数人信东正教，是一个多信仰的族群。

图瓦人总数20万左右，2万人在蒙古国。图

● 女坎肩　清代　蒙古国历史博物馆藏

● 女坎肩 清代 蒙古国历史博物馆藏

瓦人分布的地域在西伯利亚南部叶尼塞河上游。这一地区的面积接近 20 万平方公里，清代称"唐努乌梁海"，设左领四十八，分隶于外蒙古的乌里雅苏台的定边左将军、哲布尊丹巴达活佛及札萨克图、三音诺言两部。清同治三年（1864年），中俄签订《塔城条约》（即《中俄勘分西北界约》），清政府被割去唐努乌梁海西北部十左领之土地，属于今蒙古国；中部俄国又占领二十七左领之土地，并于 1924 年成立唐努 - 图瓦人民共和国，1926 年改称"图瓦人民共和国"；1944年，该国加入苏联的俄罗斯苏维埃社会主义联邦，享有自治州的权力；1961 年，改为"图瓦自治共和国"，苏联解体后改为俄罗斯联邦内的自治共和国。

（6）乌珠穆沁部

　　乌珠穆沁部是蒙古族古老部落之一。成吉思汗16世孙图罗博罗特从杭爱山徙牧戈壁南，他的第三个儿子翁滚都拉尔开始称所部为"乌珠穆沁"，蒙古语为"葡萄山人"。17世纪，金太祖（努尔哈赤）当政期间，乌珠穆沁部首领道尔吉与林丹汗不和，率所部迁到克鲁伦河一带。崇德元年（1636年），其归附于清廷。清顺治三年（1646年），分左翼、右翼两个旗。其札萨克（执政王）驻在鄂尔虎河（乌拉盖河）畔之奎苏陀罗海（乌拉盖苏木东北）。1934年，其隶属于锡林郭勒盟。1945年，乌珠穆沁部道吉尔率一半左翼旗人迁至蒙古国克鲁伦河附近驻牧。

● 女坎肩　清代　通辽民间博物馆藏

第三节　今日中国蒙古族之瞭望，民族团结的模范区

● 三彩侍俑　明代　鄂尔多斯市博物院藏

1947年5月1日，乌兰夫在中国共产党领导下建立内蒙古自治区，成为中国建立最早的一个民族自治区。1949年将原辽北省的哲里木盟及热河省的昭乌达盟，1950年将原察哈尔省的多伦、宝昌、化德三县，1954年将原绥远省辖区分别划归内蒙古自治区。1956年，又将原热河省的翁牛特、喀喇沁、敖汉、乌丹、宁城、赤峰6个旗县，甘肃省巴彦浩特蒙古族自治州以及额济纳自治旗划归内蒙古自治区。自此，内蒙古地区300多年来被分割统治的历史终于结束。其他聚居区的蒙古族以后又相继成立了11个自治州、县。其中，青海、新疆、甘肃、黑龙江、吉林、辽宁、河北等成立8个蒙古族自治县（附表）。散居各地的蒙古族人民也享受着民族平等的权利，真正成为了国家和自己民族的主人。

蒙古族是一个历史悠久而又富于传奇色彩的民族，是一个跨国民族。世界各地（主要是亚欧大陆）都散落着星星点点的蒙古部族。全世界蒙古族人约1100万人，主要分布在中国、蒙古国和俄罗斯三个国家，以及阿富汗、印度北部、巴基斯坦北部。

● 使者献果品铜雕像 元代 内蒙古博物院藏

蒙古族自治县

附表：

自治县名称	成立时间
甘肃肃北蒙古族自治县	1950 年 7 月 29 日
新疆和布克赛尔蒙古自治县	1954 年 9 月 10 日
青海河南蒙古族自治县	1954 年 10 月 16 日
吉林前郭尔罗斯蒙古族自治县	1956 年 9 月 1 日
黑龙江杜尔伯特蒙古族自治县	1956 年 12 月 5 日
辽宁喀喇沁左翼蒙古族自治县	1958 年 4 月 1 日
辽宁阜新蒙古族自治县	1958 年 4 月 7 日
河北围场满族蒙古族自治县	1989 年 6 月 29 日

俄罗斯有大约 90 万蒙古人，有属于蒙古语族的卡尔梅克人和布里亚特人，有属于突厥语族成分为蒙古族的鞑靼人和图瓦人，俄国西伯利亚地区布里亚特蒙古人约 40 万人，俄国鄂温克族（被认为是蒙古人的一支）约 3 万人，俄国卫拉特人（含卡尔梅克人和杜尔伯特人）约 17 万人。另外，分布在阿富汗、伊朗等地的哈扎拉族人（近 400 万人）有可能是蒙古人和中亚其他民族的混血后代。蒙古国人口约 294 万人，其中 80% 是喀尔喀蒙古人。

● 胡人骑狮铜烛台 元代 乌海市博物馆藏

● 阿拉伯人物铜像 元代 草原游牧文化博物馆藏

中国境内蒙古族人口为5981840人（第六次人口普查数据），在全国少数民族人口中排名第九位，是中华民族大家庭中的优秀一员。全世界蒙古族主体部分在中国境内，主要分布在内蒙古自治区、新疆维吾尔自治区、辽宁、吉林、黑龙江、甘肃、青海、河北等省、自治区的各蒙古族自治州、县。此外，还有少数蒙古族人聚居或散居在宁夏、河南、四川、云南、北京等地。

新疆蒙古族是中国蒙古族的一个支系，是卫拉特蒙古的后裔。根据史籍记载，其先祖可追溯到十二世纪以前的"斡亦剌惕"。"斡亦剌惕"，蒙古语为"近亲、亲近的人、邻居、同盟者"之意，另一种解释为"森林中的百姓"，后发展成为今天的新疆蒙古族。明朝末年，蒙古族分为三大部分：漠南蒙古、漠北蒙古和漠西蒙古，其中漠西蒙古就是现今的新疆蒙古族。准噶尔蒙古族现在在新疆叫"厄鲁特蒙古人"，主要居住在伊犁哈萨克族自治州。清朝灭准噶尔汗国后，察哈尔蒙古人从内蒙古迁到新疆，主要居住在博尔塔拉蒙古自治州。清乾隆年间，土尔扈特蒙古人和和硕特蒙古人不远万里从俄罗斯迁回，他们主要居住在巴音郭楞蒙古自治州和博尔塔拉蒙古自治州。目前，新疆有巴音郭楞和博尔塔拉两个蒙古自治州，有一个和布克塞尔蒙古族自治县，在伊犁州还有许多蒙古族乡。

甘肃蒙古族主要分布于酒泉市肃北蒙古族自治县、兰州市、武威市和张掖市，甘肃陇东南地区也有零星蒙古族人散居。肃北蒙古族自治县成立于 1950 年 7 月 29 日，是甘肃省蒙古族人口最集中的地区。该县蒙古族人口占全县总人口的 40.3%，占甘肃省蒙古族人口的 61.6%。他们常年生活在雪山之下，主要从事高海拔地区畜牧业，形成了与内蒙古的蒙古族同胞有所区别的习俗，因此也被称为"雪山蒙古族"。

● 阿拉伯人物铜像 元代 草原游牧文化博物馆藏

● 铜侍从俑 元代 草原游牧文化博物馆藏

云南省有 1.3 万蒙古族人，聚居在通海县兴蒙乡，是元朝初年随忽必烈征战遗留在云南的蒙古人下级士兵后裔，多会汉语、彝语，其蒙古语与北方蒙古语大致可通，以农耕为主。公元 1253 年，元世祖忽必烈率 10 万大军自宁夏六盘山出发，经过甘肃，进入四川。元军渡过金沙江入滇，兵锋所指结束了大理国在云南的百年统治，统一了云南。1254 年，忽必烈班师回朝，留大将兀良合台镇守云南，继续征服其余未降部落。1255 年，兀良合台先后攻取了滇东北不花合国、阿合因、滇东、滇北及通海、建水一带。元朝统一后，留下了众多蒙古兵屯守，一部分官兵就居住在今天的白阁村后凤凰山上。1283 年，元廷在通海境内曲陀关建立了"临安、广西、元江等处宣慰司都元帅府"，在河西镇的曲陀关、大寨及今九街乡的鞑靼营就成了蒙古军的主要驻扎地。元朝中后期，蒙古族中的一部分人迁到河西城等地居住，另一部分人则迁居在凤山脚下。1381年，明太祖朱元璋的征西大军进入云南，元朝政权彻底溃败。住在云南的蒙古军被击溃，四散各地，纷纷隐姓埋名，变服从俗，融入其他民族中。唯有镇守通海曲陀关的部分蒙古族官兵想尽办法逐步会聚在杞麓湖西岸，成为一个蒙古族聚居区，繁衍生息到现在。散居的蒙古族人多改为"汉族"，逐渐融合于汉族和其他少数民族之中。住在河西城、鞑靼营等地的蒙古族居民，则搬迁到凤山脚下，渔户村（今兴蒙乡）成为云南蒙古族最大的聚居地。兴蒙乡是于1987年经省政府批准正式成立的民族乡，位于通海县秀丽的杞麓湖畔，凤山脚下，有5个自然村，全乡共有1737户5479人（1998年），其中蒙古族有5338人，占98%。据《包姓族谱》记载，云南省昆明市、宣威市、昭通市、东川市、曲靖市、会泽县等地的一万多蒙古族后裔包姓，祖籍内蒙

● 呼伦贝尔草原

● 三彩侍俑　明代　鄂尔多斯市博物院藏

占归化城土默特旗，是元太祖子孙俺答汗的后裔。会泽县蒙古族裔有元太祖后裔"包姓"、王保保后裔"保姓"、木华黎后裔"木姓"、阿喇帖木儿后裔"官姓"、玉里伯雅兀后裔"余姓"，共五姓。明初纳西族首领阿得归顺朝廷，朱元璋赐予纳西族走婚的蒙古人木华黎后裔阿得为木姓，及和硕特"和姓""元姓"和普米族"郭姓"同为蒙古族裔。

四川省内的蒙古族主要分布在成都市盐源、木里两县，现约有 2.7 万余人。四川省西昌市境内的蒙古族主要是世居的"俞姓"，分布在姜坡、高枧、川兴、河西及城区一带。据《西昌市志》记载，辖境内蒙古族主要是明初来建昌（今西昌）征战留守的蒙古族官兵的后裔。

黑龙江省蒙古族有 9.8 万多人，其中杜尔伯特蒙古族自治县有 3 万多人，主要以牧业为主。15 世纪中期，成吉思汗次弟哈布图哈撒尔之 14 世孙奎孟克塔斯哈喇之孙子爱嘎析产分牧来到嫩江东岸，以其分牧次序为"四"而称为杜尔伯特部（杜尔伯特，蒙古语"四"之意）。

辽宁省蒙古族人口有58万之多，仅次于内蒙古自治区，居全国第二位。全省共有2个蒙古族自治县和22个蒙古族自治乡镇，从地域上属于东部蒙古。生活在辽宁省的蒙古族人民很早就开始从事农耕生产，与汉族等族也有密切交流。

● 女袍、坎肩 清代 内蒙古博物院藏.

吉林省蒙古族现有人口 17.2 万人，主要生活在西部草原和松嫩平原的前郭尔罗斯蒙古族自治县和通榆、镇赉、洮安、白城、双辽等市县，其他地方亦有零星分布，为元太祖成吉思汗弟哈布图哈萨尔后裔，主要是郭尔罗斯部和科尔沁部的原居民。

河北省也是全国蒙古族主要聚居地区之一，为河北的世居少数民族。截至 2010 年，全省有蒙古族近 21 万人，位居全国第 4 位，建有 1 个围场满族蒙古族自治县、3 个蒙古族乡、5 个蒙古族与其他少数民族联合民族乡。河北历史上的蒙古族可分为四部分：一是世居的蒙古族，包括喀喇沁蒙古和察哈尔蒙古两部；二是厄鲁特蒙古达什达瓦部的后裔，该部原居于新疆伊犁河畔，清乾隆二十四年（1759 年）移居河北承德市；三是清代驻守围场的蒙古八旗兵丁及家属；四是清朝政府派往各地驿站、关卡及城镇驻防的蒙古八旗官兵。河北蒙古族最早形成于蒙古汗国时期，蒙古太祖十二年（1217 年），成吉思汗将张家口坝上草原上的沽源和张北等县分封给扎拉尔部乌鲁郡做王营墓地。

● 喀尔喀女童袍 清代 蒙古国历史博物馆藏

● 科尔沁部女袍、坎肩、绣花靴　清代　通辽市博物馆藏

● 《忽必烈出猎图》元代　台北故宫博物院藏

第二章 蒙古族

服饰的起源与流变

第一节 早期蒙古族服饰

用树叶、动物毛皮做衣服是人类早期服饰共有的特点。《鉴略·三皇纪》载"袭叶为衣裳"，《物原·衣原第十一》载"有巢氏，始衣皮"。人类共同服饰也可以看作由此发端。

衣服最原始功能是遮体与保暖。随着狩猎的不断发展，以草为衣逐渐转向以野兽皮毛为衣，但简陋粗制。游牧—畜牧业兴起后，单一的野兽皮不再是唯一的衣服来源，蓄

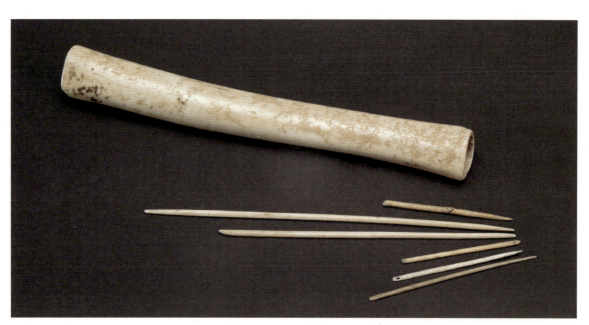

● 骨针、骨针筒　新石器时代　包头市博物馆藏

养动物的皮毛为衣服
的制作提供了新的材
料。当然，早期人类
发明的骨锥和骨针，
也为原始服装的缝制
提供了条件。约5000
年前，中国产生原始
的农业和纺织业，于
是人们开始用麻布做
衣服。之后人类又发
明了养蚕缫丝，丝绸
也出现了。《魏书·室
韦传》中记载，在"蒙
兀室韦"时期，蒙古
祖先靠狩猎生活，使
用所获猎物的皮毛做
衣帽和长靴，这种衣
靴是适合他们当时居
住高山密林的自然环
境所需的。蒙古高原
岩画中有当时的人类
穿着宽大的衣装骑马
的画面。

● 皮毛长袍、高靿毡靴　北魏　锡林郭勒盟博物馆藏

● 银鎏金镶宝石项圈　北魏　锡林郭勒盟博物馆藏

据《蒙古秘史》记载，用羊皮做的袍子是古代蒙古人最主要的民族服装。随着蒙古族在蒙古高原的崛起，在与周边各民族密切的交流往来中，各种衣料如布匹、绸缎等涌入蒙古族聚居地，并且受突厥、契丹等族的影响，款式也发生了变化。圆领长袍、束腰、皮帽、皮靴等适于骑乘牧猎的服装成为蒙古族服装的雏形。

● 镶宝石金带饰　北魏　锡林郭勒盟博物馆藏

● 彩绘木棺局部　北朝　内蒙古博物院藏

第二节 元朝时期的蒙古族服饰

● 彩绘骑马人物陶俑 元代 山西省博物院藏

公元 11、12 世纪，蒙古族崛起并逐渐统一北方草原，服饰的发展也进入了一个突破性的时期。在辽阔的管辖地域和统一的社会格局下，中西交流盛况空前，蒙古族服饰也渐渐形成了较为完备的形制，服饰的面料与款式也不断地丰富起来。不仅有各种饲养家畜的皮毛、猎获的野兽皮毛，还有棉麻织锦缎丝等织物均可做衣料。衣服品类丰富多彩，再配上金、玉、银、铜、玛瑙、绿松石、珍珠等制成的各种头饰、首饰、佩饰等，蒙古族服饰越来越精致华美。蒙古汗国和元代蒙古族服饰的款式风格一脉相承，尤其是元朝的大一统，使蒙古族的服饰受到多民族多元化服饰的影响。蒙古族服饰的质地、种类、风格、色彩、工艺各方面，都出现了空前繁荣的发展局面。

元代，参酌蒙汉等族服饰文化，对官民服饰做了统一规定。汉官服式为唐式圆领衣和幞头，蒙古族官员则穿合领衣，戴四方瓦楞帽。此外，元代民间非常流行腰间多褶的辫线袍子，即圆领紧袖宽下摆、折褶、辫线围腰、戴笠子帽，这种着装便于骑马。

《蒙鞑备录》曾载，其妇女"所衣如中国道服之类，凡诸酋之妻，则有顾姑冠"，从中可见元代蒙古族的冠帽款式。"顾姑冠"又译作"罟罟冠"，是元代蒙古贵族妇女特有的冠帽。当时，已婚贵族妇女和宫廷帝后有佩戴罟罟冠的风俗。

● 影青人物纹洗　元代　内蒙古博物院藏

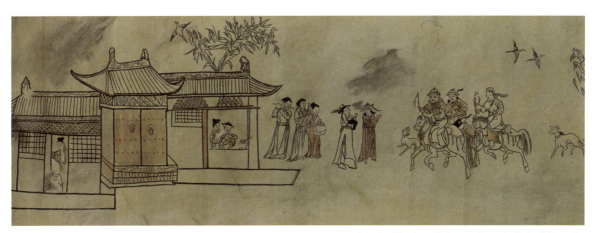

● 《归来图》壁画摹本　元代　内蒙古博物院藏

● 铜侍从俑 元代 草原游牧文化博物馆藏

有史料记载，罟罟冠的一般形制为高二尺左右，以竹木为骨，外糊纸或皮，通常以红绢金帛为饰，里面包着贵重的丝织物，点缀着各种珠宝，冠顶并插一杆修长的羽毛，或饰以采帛的柳枝、铁杆等。

《马可·波罗游记》中记载有忽必烈大汗赏赐蒙古贵族金袍、金银腰带与靴子的情景。《元史·后妃列传》记载了世祖皇后车伯尔为大汗设计服饰的故事："胡帽旧无前檐，帝因射猎日色炫目，以语后，后即益前檐。帝大喜，遂命为式。又制一衣，前有裳无衽，后长倍于前，亦无领袖，缀以两襻，名曰比甲，以便弓马，时皆仿之。"元代蒙古族贵族妇女的袍服宽大曳地，高贵华丽。元代熊梦祥《析津志辑佚·风俗》记载："袍多用大红织金缠身云龙，袍间有珠翠云龙背，有浑然纳失者，有金翠描绣者。春夏秋冬，金线轻重，单夹不等，其制极宽阔。袖口绣以紫织金爪，才五寸许窄。两腋折下有紫罗带拴合于背，腰上有紫枢系。但行时有女提袍，此袍谓之礼袍。"元末女袍一般为右衽交领，亦有左衽。袖口大襟贴边，上织绣有枝草叶纹。此外，蒙古族妇女服饰还有襟夹衫、长裤、比肩和云肩等。

据史书记载，蒙古族长袍初期款式为左衽，以毡、皮、帛制作，衣肥大，长拖地，冬服二裘，一裘服毛向内翻，一裘服毛向外翻，"日可当衣，夜可当袍"。男女都穿袍服，袍长领高，宽襟常袖，胸部折叠，以带束腰，两端飘挂在腰间。男子腰间右边常挂蒙古刀，左边挂烟具、绣花荷包等饰物。冬服以羊裘为里，多用绸、缎、布作面；夏服为布、绸、缎、绢等料，色彩一般为深蓝、紫、黄等色。《元史·舆服一》中记载："百官公服，制以罗，大袖，盘领，俱右衽。"可见到元代，右衽长

● 铜侍从俑 元代 草原游牧文化博物馆藏

● 铜侍从俑 元代 草原游牧文化博物馆藏

袍已成为主流，并且已出现前檐帽、钹笠帽、立领大襟袍、短披肩、马褂、络缝靴子等服饰。尤其是蒙古贵族的服饰，绫罗绸缎配以金银珠宝，装饰十分华丽高贵。

元代是中国织金锦的鼎盛期，织金锦技艺登峰造极，出土的纳石失袍服正是这种服饰织金技艺的有力见证。《元典章》中也记载有织金锦。元廷在弘州设立了纳石失局，专事织金锦的生产与使用，以供王公贵族使用。

元代的织金锦分两大类，一类是纳石失，另一类是金缎子。其中，纳石失存量较少，较为出名。纳石失是波斯语或阿拉伯语"织金锦"的音译，是一种以扁金线或圆金线来织造纹饰，呈现金黄色的丝织物，是元代丝织品种的典型代表。金线具体制作方法有两种：先将黄金打成金箔，用纸或动物表皮作背衬，再切割成强丝线，即成片金；也可将片金缠绕在一根芯线之外，即成圆金。织金锦的织造技术对后世的影响极大，尤其是对明清流行的缎织物的产生具有重要的意义。

金缎子则是元代另一种工艺的织金，与纳石失在织法、图案、幅面宽度等方面有显著差别。它较多地保留了中原汉族特色，在织金锦图纹中，有织金胸背麒麟、织金龙、织金凤、织金白鹤、织金狮子、织锦虎、织金豹等。

● 纳石失辫线长袍 元代 内蒙古博物院藏

元代，随着棉花在中国的种植进一步扩大，植棉业和棉纺织业遍布全国，用棉布做衣服也逐渐发展起来。

● 罟罟冠　元代　呼和浩特民间博物馆藏

● 丝织藤骨瓦楞帽 元代 呼和浩特民间博物馆藏
● 龙纹织金锦辫线袍 元代 锡林郭勒盟博物馆藏

● 包头市美岱召佛殿壁画　明代

第三节　明清时期的蒙古族服饰

　　1368 年，元朝被明所取代，蒙古统治集团退居漠北，与明对峙，开启明早期。动荡分裂的社会状态，致使这一时期的蒙古服饰无论是颜色还是样式都趋于简化。明朝中后期，随着明蒙边境贸易的稳定与频繁，加之与周边回鹘、女真、吐蕃等民族的不断来往交流及受藏传佛教广泛传播的影响，蒙古族服饰又获得了进一步发展，款式、用色、材质上更加丰富。其间，明代"上承周汉，下取唐宋"的服饰制度，对蒙古族服饰的发展也产生了一定影响。明代蒙古族的服饰装扮新增了很多变化，发式、冠帽、仪式与前代相比明显不同，其中 "马蹄袖"的出现，搭配刺绣图案的装饰让蒙古服饰呈现出一种全新的风格。

● 包头市美岱召佛殿壁画　明代

● 佩尼巴壁画　清代 鄂尔多斯市乌审召佛殿

● 孔雀羽地彩绣袍 清代 内蒙古博物院藏

关于明代蒙古族服饰的款式、色彩和用料，主要反映在《阿拉坦汗法典》《卫拉特蒙古法典》和明代《北虏风俗》等著述中。《阿拉坦汗法典》中记载北元时期蒙古族穿用的服饰有：各种兽皮制作的皮袍、马褂、斗篷、领衣、

● 兰缎龙袍　清代　蒙古国历史博物馆藏

● 喀尔喀部女坎肩　清代　蒙古国历史博物馆藏

金帽、银丝带、玉饰、额箍、褡裢、脖套等；《卫拉特蒙古法典》中记载，当时蒙古族服饰材料有棉布、绸缎、金锦、丝毛、羽毛、牛皮、羊皮，以及虎、豹、狼、獾、狐、海狸、水獭、貂鼠、狸子、白鼬、熊等各种兽类皮张。萧大亨在《北虏风俗》中记载："凡衣，无论贵贱，皆窄其袖，袖束于手，不能容一指。其拳恒在外，甚寒则缩其手，而伸其袖。袖之制，促为细折。折皆成对而不乱。膝以下可尺许，则为小边，织以虎、豹、水獭、貂鼠、海獭诸皮为缘，缘以貂鼠海獭为美观。"从中可知，以各类兽皮装饰衣边，也是明代蒙古族服饰的一大特色。

进入清代后，大漠南北的蒙古族先后归附清廷。清廷以联姻、封地等方式来维系与蒙古统治集团的联盟关系，从而巩固政权。在统一的政权治理下，蒙古族与满族的交往，与汉族及其他民族的交流更加紧密频繁。政治上的融合也促进了文化上的融合，也必然推动服饰的发展。清朝时期，蒙古族所居大漠南北地域辽阔，从东到西，从南到北，地域环境差别较大，加之清朝

在蒙古族地区推行分而治之的盟旗制度，具有部
落特色和地方特色的蒙古族服饰款式、种类已基
本定型。

● 喀尔喀部女袍 清代 蒙古国历史博物馆藏

在多民族大一统的政治体制下，清朝实行严格的服饰等级制度。蒙古族上下被纳入清廷的政治管理体系中，所穿服饰深受清朝文化的影响，服饰种类更加丰富多样。除本民族传统服饰外，达官贵人们还有朝服。朝服，即官服，是清廷规定王公贵族们，包括蒙古族官员，上朝所穿的衣服，以"补子"来严格区分官员的等级。普通蒙古族老百姓和官员所穿日常服饰，依然为本民族固有服饰，袍子宽大而

● 察哈尔部绿缎拼袖男袍 清代 内蒙古博物院藏

不开衩、长袖、高领，腰间扎带，下配高皮靴或
布靴。这时的蒙古族服饰，在继承和发展传统款
式的基础上，吸纳和借鉴其他民族的服饰元素，
逐渐出现了富有部落特色和显著地方特色的服

● 喀尔喀蒙古女袍 清代 内蒙古民间博物馆藏

● 蒙古女坎肩 清代 蒙古国历史博物馆藏

饰。其中按地区和部落大致可分为西北地区、中原地区、东北地区，具体部落服饰有土尔扈特服饰、阿拉善服饰、喀尔喀服饰、布利亚特服饰、厄鲁特服饰、和硕特服饰、察哈尔服饰、土默特服饰、杜尔伯特服饰、鄂尔多斯服饰、乌珠穆沁服饰、乌拉特服饰、科尔沁服饰、巴尔虎服饰、巴林服饰、喀喇沁服饰、阿巴嘎服饰、苏尼特服饰等。

此时期，绸缎、织锦缎、布帛为蒙古服饰的主要面料，样式为下摆两侧或开衩或不开衩的宽大直筒长袍，袖口窄袖、大马蹄袖、小马蹄袖均有，长袍外罩有长短坎肩，整体服饰更加绮丽多姿。随身佩饰愈加丰富多彩，各种金银、玛瑙、珍珠、珊瑚、松石玉佩应有尽有。清代蒙古族各地各部落服饰样式之多，工艺和用料之精美繁杂，难以一一尽述。总之，清代蒙古族服饰在元、明服饰的基础上发展得独具风采，其所体现出多元化与不同地域之间的差异化特征在清朝已经完全定型了。它的多彩与独特，在中华民族服饰史上熠熠生辉。

　　位于阴山脚下，被誉为"壁画博物馆"的美岱召存有大量蒙古族人物服饰壁画，是研究明代蒙古族服饰的重要资料。在美岱召壁画中，女子袍服外多罩对襟无袖长坎肩，戴有朱纬的钹笠帽、红纬珠顶皮檐帽；男子多窄袖宽袍，冠帽有大檐笠帽、钹笠跌檐帽、浑脱帽和饰有顶珠朱纬皮檐上翻的春秋帽，这些多由元代传统帽式发展变化而来。此外，《北虏风俗》记载："妇女自出生时，业已留发，长则为小辫十数，披于前后左右，必待嫁时见公姑，方分二辫，末则结为二椎，垂于两耳。"而在此时期的壁画里，已看不到元代蒙古族垂于两耳的发辫，多为合辫为一的后垂式发型。从明代蒙古族服饰的发展变化看，此时的蒙古族服饰既继承了历代北方游牧民族的传统，也体现了吸收外来元素的创新融合风格。

● 包头市美岱召佛殿壁画　明代

● 官服补子 清代 呼和浩特市将军衙署博物院藏

● 鹤（文一品）

● 白鹇（文五品）

● 锦鸡（文二品）

● 鹭鸶（文六品）

● 孔雀（文三品）

● 鸳鸯（文七品）

● 雪雁（文四品）

● 鹌鹑（文八品）

● 练鹊（文九品）

在中国古代的服饰制度中，最能反映封建等级制度的，要数文武百官的官服。明清时期的官服称为补服，因其前胸及后背各缀有一块"补子"而得名。在清代，清代补服沿袭了明代文官绣禽、武官绣兽，帝后王公贝勒用圆补，镇国公以下及文武百官用方补的服装制度，各品级的补子纹样均有规定，用以区分官职大小。绝大部分补子都是用彩色丝线织绣而成，补子中央为飞禽、猛兽图案，四周满布如意云、寿桃、蝙蝠及八吉祥纹，下部是海水江崖纹和杂宝纹等。

● 熊（武五品）

● 麒麟（武一品）

● 彪（武六品）

● 狮子（武二品）

● 犀牛（武七品）

● 豹（武三品）

● 海马（武九品）

● 犀牛（武八品）

● 虎（武四品）

● 王公凉帽　清代　内蒙古博物院藏

一、冠帽

蒙古族冠帽是蒙古服饰之首。为抵御自然的侵害，也为美化装扮，冠帽也成为蒙古族不可或缺的重要服饰。冠冕服饰制度的产生，也让冠帽成为区分身份地位高低的基本符号之一。在清代，冠帽种类非常多，暖帽、凉帽为两大系列，具体细化还有更多分类。蒙古各地各部落的冠帽也随蒙古袍和头戴等服饰，体现出鲜明而独特的地域和部落特色。

● 王公暖帽　清代　内蒙古博物院藏

● 鄂尔多斯部黑缎红缨帽　清代　内蒙古博物院藏
● 苏尼特部羔羊皮风雪帽　清代　内蒙古博物院藏
● 喀尔喀部瓜壳红缨帽　清代　蒙古国历史博物馆藏

二、头饰

清代，蒙古族妇女头饰具有明显的地域特色，是区别部落服饰最显著的标志。清代蒙古族妇女头饰选料珍贵，工艺精湛，制作精美，堪称"用珠宝写成的诗"，它承载的是蒙古族人民对美好的向往，对生活的热爱，是蒙古族人民聪明智慧与审美风尚的集中体现。

鄂尔多斯妇女头饰是蒙古各部落头饰中最为华丽厚重的，其特点是两侧的大发棒和穿有玛瑙、翡翠等宝石珠的链坠，整体显现得无比雍容华贵。其由额箍、后屏、颊侧垂穗、额穗等部分组成。额箍一般高十公分左右，上下两边缀着一至三排珊瑚珠，中间錾花银座上镶着大颗的红珊瑚，隔间又嵌着绿松石。前额银珠子编的流穗，依眉心呈人字形

● 喀尔喀部妇女头饰　清代　蒙古国历史博物馆藏

● 鄂尔多斯部妇女头饰 清代 内蒙古博物院藏

散开。后屏是头饰的后大片，上窄下宽呈凸字形，上面缀满了排列整齐的红珊瑚珠子，上下方中间部位有一个方形的錾花银座，嵌着数颗红珊瑚、绿松石珠。后小片垂于耳后左右，长三寸，工艺如后屏，缀满珊瑚、绿松石珠，上面有圆形或方形的银质装饰。面颊两侧的垂穗子，是银链和珊瑚、松石珠混串的流穗，左右对称，有数条或十几条之多，长至肩下，尾端吊着银铃子，行走起来叮当作响。装饰用的大圈银耳环，多数佩挂在面颊两侧的连垂上，大的重约几百克，有的每侧多达四个。

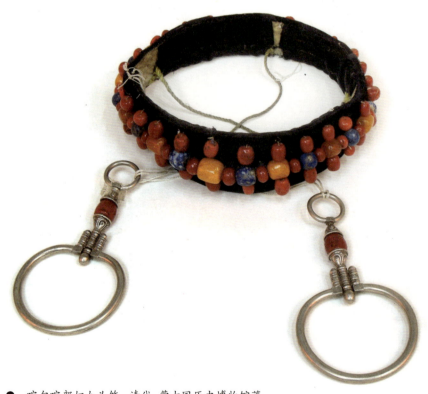

● 　喀尔喀部妇女头饰　清代　蒙古国历史博物馆藏

乌拉特蒙古族妇女头饰由额箍、垂饰、坠子、额穗子
等组成。额箍和后帘均由银片钉缀，银片上镂雕着吉祥图案，
并由镶嵌珊瑚珠的坠链在下额处连接，面颊两侧各数十条
由银、珊瑚、绿松珠串成的垂链接在额箍上，垂链长于腰际。

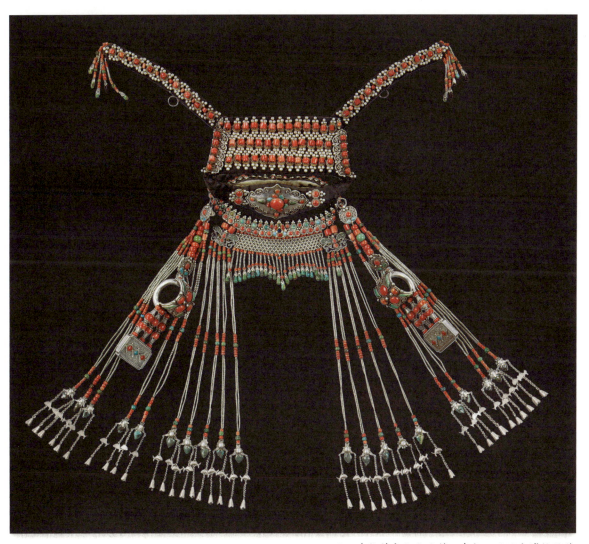

● 乌拉特部妇女头饰　清代　通辽市博物馆藏

● 察哈尔部妇女头饰 清代 锡林郭勒盟博物馆藏

察哈尔妇女头饰轻便玲珑，围箍中间嵌数个鎏金花座。镶珊瑚、松石珠，两侧镂花银饰连接流穗，额箍后面为一弯月形錾花饰片，接珊瑚、松石珠编成的网状后帘，帘长及肩，增加了头饰的绚丽。

乌珠穆沁妇女头饰造型飘逸充满动感，主要由额箍、额穗、垂穗子、后帘组成。额箍由珊瑚、绿松石等围缀而成。额穗由珊瑚、松石等串成"M"形。两鬓下垂由珊瑚、松石和银链结成数条长穗子。

● 乌珠穆沁头饰　清代　锡林郭勒盟博物馆藏

与其他部落头饰相比，和硕特妇女头饰造型显得极其简约。只有额箍上嵌红珊瑚、绿松石，两侧垂挂长条状黑色布条，底端配有布艺刺绣，显得独特而精巧。

巴尔虎部落妇女头饰，由额箍与牛角形银饰组成银额箍通体錾花，前部镶嵌数颗珊瑚，后坠三个镂空小银铃，两侧为牛角形银饰，采用錾花工艺成型，银片曲绕，层次分明。整个头饰呈扇形，每侧垂四条银穗子，古代贵族风范十足。

科尔沁部落妇女头饰的与众不同主要体现在簪钗的搭配上，头戴缀满珊瑚珠与绿松石，在盘发上插上精雕细刻、造型各异的多个簪钗，充满活泼喜悦之韵。

● 和硕特部妇女头饰 清代 内蒙古博物院藏

● 科尔沁部妇女头饰　清代　通辽市博物馆藏

● 鄂尔多斯部长坎肩　清代　内蒙古博物院藏

三、坎肩

　　清代蒙古族的坎肩，是一种无袖服装。经过长期的历史演变，各部落坎肩风格迥异，同中有异，异中有同，款式与现代坎肩基本接近，分为大襟、琵琶襟、对襟、一字襟和人字襟式，有领式、无领式、两侧一衩式、前后开衩式等。根据衣长，其又分为大坎肩和小坎肩两种，大坎肩衣长过膝，小坎肩衣长及腰。大坎肩又名比甲、长坎肩、褂襕等。坎肩用料丰富，棉麻绸缎、纱丝皮毛等应有尽有，印花面料大量使用。受满、汉服饰的影响，清代坎肩多镶有花边，刺绣纹样丰富多彩，可谓千姿百态。

　　鄂尔多斯长短坎肩，主要是成年男子和已婚妇女穿用。坎肩多以绣花缎为面料，织锦镶边。其式样、配色非常丰富，缝制工艺较为复杂，整体极其美观。

● 鄂尔多斯部男坎肩　清代　内蒙古博物院藏
● 鄂尔多斯部男坎肩　清代　呼和浩特市民间博物馆藏

四、蒙古袍

清代，盟旗制度的实施使蒙古族的社会格局发生了巨变，蒙古各部落服饰特色明显显现出来。蒙古袍在种类、款式、面料、色彩等方面出现了

● 察哈尔部男皮袍 清代 锡林郭勒盟博物馆藏

新的变化，裁剪、刺绣、镶边、图案等工艺更为
复杂成熟。四季分衣，男女各异，多种穿搭，繁
缛富丽、华美精致，可谓百花争艳。

● 鄂尔多斯部女袍　清代　内蒙古博物院藏

五、靴子

　　蒙古靴作为蒙古族服饰必不可少的部分，与蒙古袍、头戴共同组成了蒙古族服饰三大件。蒙古靴是顺应蒙古族游牧生活的产物。在广阔的大漠南北，蒙古靴防风、保暖、护脚、便于蹬马，其不断改进和演化的过程，也正是蒙古族脚踏实地，革旧创新，一次又一次与外族交流互通的过程。清代蒙古靴制造业较为发达，蒙古靴坊甚多，种类丰富，有朝靴、乌靴、花靴、钉靴、络缝靴、云头靴等，材质方面主要为刺绣布靴和皮靴。其圆头、尖头、上翘尖头等式样非常普遍，靴子工艺复杂，外形较为美观精致。

● 察哈尔部绣花女靴　清代　通辽市博物馆藏

● 香牛皮男靴 清代 蒙古国历史博物馆藏

六、绣品

中国古代很多民族有着"腰间杂佩"的习俗，尤其是蒙古族，佩戴荷包、鼻烟壶、香囊、蒙古刀、烟袋、吉祥挂件等更为常见。清代，受清朝文化的影响，上至王公贵族，下至黎民百姓，蒙古族无论男女都有佩戴荷包的习惯。

● 镶翠绣花荷包 清代 通辽市博物馆藏

荷包也叫香囊，多为刺绣工艺，图案精美，寓意美好。荷包的式样多姿多彩，葫芦式、腰圆式、鸡心式、元宝式等，美观实用，小巧精致，雅俗共赏，质地多为纳纱、缎绣、绸绣。清代刺绣运用广泛，荷包、烟袋、鼻烟壶袋等处都有刺绣工艺，其针法之妙，绣工之精巧，为历代所不及。

● 绣花鼻烟壶袋 清代 通辽市博物馆藏

七、蒙古刀

蒙古刀是蒙古族随身携带的生产生活用具，也是男子在腰间佩戴的一件必备装饰品。蒙古刀的用途广泛，用来切割、刮削、防卫等，也是蒙古族人赠送亲朋好友的珍贵礼品。蒙古刀种类繁多，造型各异，大小不一。刀柄和刀鞘较为讲究，有钢制、木制、银制、牛角制、骨头制等多种。刀柄和刀鞘上，往往有雕刻、镶嵌等工艺的结合，以寓意吉祥美好的镂空图案或宝石镶嵌进行装饰，工艺精湛。有的在刀鞘里还配有一双兽骨或象牙筷子。刀鞘上有环，环上可缀流苏丝线、彩带挂件等。精美绝伦的蒙古刀，点缀在佩戴者的腰际，起到美化装饰作用的同时，也是一种身份地位的象征。同时，它也承载着蒙古族人共同的精神追求与品格。

● 蒙古刀、火镰 清代 通辽市博物馆藏

● 镶宝石蒙古刀、火镰 清代 内蒙古博物院藏

八、腰带扣

穿袍子、系腰带。腰带是蒙古袍穿戴里的重要配件，是蒙古族"腰间杂佩"的基础。蒙古族腰带佩戴历史悠久，以金、银、玉、帛、皮等制作。带扣是腰带上的构件。清代，蒙古族带扣多为良玉质地，纹饰题材广泛，做工精细，不仅实用，也是非常珍贵的民族文化手工艺品。

● 镶珊瑚腰带　清代　通辽市博物馆藏

● 梅花纹玉带扣　清代　通辽市博物馆藏

● 盘肠荷花纹玉带扣　清代　通辽市博物馆藏

九、首饰

蒙古族自古以来酷爱金银宝玉，佩戴的各种首饰也是蒙古族服饰里的重要角色。清代蒙古族首饰分为头饰、颈饰、手饰、佩饰等几类，多以珍珠玛瑙，珊瑚松石、金银翡翠等各种质地的宝石为材料，采用镶嵌、雕琢、掐丝、点翠等多种制作工艺，精美华丽，高贵典雅，不仅体现了匠师们高超的工艺水平，也反映了蒙古族对美的追求与独特的审美观念。

● 珊瑚链玉佩　清代　通辽市博物馆藏

● 猫眼石金簪 清代 赤峰市博物馆藏
● 嵌珊瑚松石银手镯 清代 通辽市博物馆藏
● 盘长纹银手镯 清代 通辽市博物馆藏

第四节 蒙古族特殊服饰类型赏析

蒙古族服饰中，除日常所穿蒙古袍等服装外，还有诸如军事作战、摔跤赛马、宗教活动时所穿的特殊服饰。这些特殊的服饰虽只是部分人的穿着，社会占比较小，但其地位与作用却不容小觑，影响广泛而深刻。

● 黄缎云龙纹查玛服　清代　内蒙古博物院藏

一、蒙古族摔跤服

摔跤是蒙古族传统竞技项目之一，在重大节日和祭祀活动中必不可少。蒙古族摔跤服是摔跤手上场比赛时所穿的服装，包括项环、坎肩、彩绸腰带、长裤、套裤、围裙、靴子、包腿等，各部分浑然一体，具有非常鲜明的草原游牧民族特色。

套在摔跤手脖子上的缀有各色彩条的项圈，蒙古语称"景嘎"，是摔跤手级别的标志性装饰，记录着摔跤手在比赛中获得的成绩。摔跤坎肩，蒙古语称"召德格"，是用牛皮或鹿皮制作，镶有铜或银质泡钉，绣有花纹的齐腰无袖短衣。摔跤裤，蒙古语称"班扎拉"，是用十五六尺长的白色或各色绸料做的宽大而多褶的裤子。"班扎拉"的外面罩着双膝部位绣有各种象征吉祥图

● 摔跤服　近代　内蒙古博物院藏

案的护膝无裆裤，蒙古语称"图呼"，图案装饰得非常精美，充分显示了蒙古族人民的聪明和智慧。

蒙古族摔跤服饰用料简单，但造型优美，色彩缤纷，不乏实用性与艺术性，简约中透露着深刻的内涵。寓意深刻的吉祥图案、精美的制作工艺、鲜艳的色彩搭配，将蒙古族摔跤手的勇敢、威猛、力量和精神充分地表现出来。

● 乌珠穆沁式摔跤坎肩 近代 内蒙古博物院藏

● 摔跤服 近代 锡林郭勒盟博物馆藏

二、蒙古族赛马服

赛马和骑马是蒙古族的传统，历史悠久。蒙古人爱马，也爱赛马，每当草原上举行那达慕大会的时候，赛马也是必不可少的一项重要内容。奔马、走马比赛是最为常见的两种赛事。比赛时，骑手头戴彩帽或彩带，身穿彩衣，脚踏马镫，策马扬鞭，奋力争先。赛马服的标配让骑手们更加英姿飒爽，意气风发。

● 赛马巾帻　现代　内蒙古博物院藏
● 赛马帽　现代　内蒙古博物院藏

● 赛马帽　现代　内蒙古博物院藏
● 赛马服　现代　内蒙古博物院藏

三、蒙古族宗教服饰

历史上，在蒙古族地区，成吉思汗及其继承者奉行"多元包容、兼收并蓄"的宗教信仰政策。蒙古族的宗教信仰复杂多元，从最初的萨满教到后来的佛教、道教、景教、伊斯兰教、喇嘛教等，都曾在蒙古族地区得以传播并存。然而影响深远，较为广泛信奉的是萨满教和喇嘛教。在蒙古统治者的大力倡导和推行下，这两大宗教分别在元朝社会的前期与后期占据了主导地位，对蒙古族社会各方面产生了深刻而重大的影响。与之相呼应，服饰也成为蒙古族宗教信仰的标志性文化符号。

● 萨满法服　清代　锡林郭勒盟博物馆藏

1.萨满服

萨满教是蒙古族的原始宗教信仰，是蒙古氏族部落全体成员所信奉的宗教，没有宗派、教义。萨满教以万物有灵为信仰，既有自然崇拜，也有图腾崇拜和祖先崇拜，其中对"长生天"的崇拜最为普遍。蒙古族认为长生天是最高神灵，可以主宰一切。在一些蒙古氏族部落中，巫师备受尊崇，他们认为巫师能与上天神灵沟通，其所穿服饰也是非常奇特、神圣的。可以说，每一件蒙古族萨满服，都是原始宗教文化的一个缩影，诉说着每一段历史时期的宗教故事。

● 鸟羽式萨满服　清代　呼伦贝尔市鄂温克博物院藏

● 萨满服　清代　内蒙古博物院藏
● 青铜翁衮　清代　通辽市博物馆藏

　　由于历史年代久远，流传至今的萨满服实物非常稀少，仅有清朝时期的部分遗存。从这些仅存的文物中，依然能看到其融合变化的痕迹。到了清代，虽然藏传佛教广为流传，但作为北方游牧民族共同的原始宗教，萨满教依然根深蒂固，地位重要。此时期，受满族文化影响的蒙古族萨满服饰更为丰富多彩，整体形制为长袍形，对开或斜襟，色彩艳丽，图案与装饰物较为繁多复杂，每一个细节都有着不同的文化寓意。从法帽到法靴，从颜色到形制，从装饰物到所持法器，不同巫师穿戴不同的萨满法衣，有祭灵护佑、预言止损、辟邪祛晦等多重含义。以服饰为载体，以仪式为途径，来表达、传递最远古的北方草原游牧民族对世界、对宇宙、对自己的认知和理解，力求获取超自然的力量，并得到心灵上的慰藉，如此朴素实用的信仰，也许就是萨满教长久根植于蒙古族人心中的缘由之一。

蒙古族萨满教服饰是一种时代精神产物，它所反映出来的宗教文化和历史文化信息是耐人寻味的。时至今日，蒙古族人的生活中依然存有着萨满教的行为观念，蒙古族的敖包祭祀、火神祭祀、翁衮祭祀、祝颂等都是萨满宗教信仰传承的表现。

萨满法衣上经常挂有禽毛兽骨、铃铛镜子等饰物，与神鼓配套成为一个整体。

● 萨满法裙 近代 通辽市博物馆藏

2.查玛舞服

"查玛",民间俗称"跳鬼",是藏传佛教寺庙里定期举行的为弘扬佛法、祈福祛邪的一种原始宗教庆典仪式。这是一种以演述宗教经传故事为主要内容的面具舞,在藏语里称为"羌姆"(寺院里的跳神),蒙古语沿袭了藏语的发音称为"查玛"。"查玛"是藏传佛教文化传播的产物,在16世纪后半叶随同宗喀巴创建的格鲁派(黄教)传入内蒙古,在内蒙古流传已有400多年。查玛在长期的发展演变过程中,逐渐演化为一种包含音乐、舞蹈、绘画、油塑、木偶、服饰等的综合性宗教艺术。

查玛具有浓厚的原始宗教色彩。在内蒙古地区,每座喇嘛庙里都会在特定的时节举办查玛舞活动。查玛舞已成为内蒙古地区的宗教寺庙舞蹈,并形成了自己独特的风格。查玛舞有跳、唱、念、打等动作,不同的音乐与唱念配有不同的动作步伐、不同的面具和服装。表演者为寺庙里的喇嘛,他们身着各式各样艳丽的袍服,头戴配套的牛、鹿、鹰、老妪、鬼脸、黑白无常等不同表情的面具,手持不同的法器,在鼓、钹、号等吹打乐器的伴奏中跳着程式固定的舞步,展现出一种神圣肃穆、大义凛然的精神风貌。

● 查玛面具 清代 锡林郭勒盟博物馆藏

● 查玛面具、法服、法靴　清代　锡林郭勒盟博物馆藏

查玛舞种类较多，有禽兽舞、凤舞、白衣舞、蝴蝶舞、老夫妇舞等，多达30余种。查玛面具是用布或纸做成的，面部表情有的青面獠牙，有的面目狰狞，有的愁眉不展，有的和善温良。面具上用油彩涂以不同的颜色，色彩炫目，装饰夸张迥异，代表英雄、武士、魔鬼、老虎、狮子、龙、凤、鹿、鹰、男女老少等。面具颜色不同，象征意义不同，如黄色象征勇敢，红色象征威武，绿色象征和平。面具颜色的使用是复杂多变的，这也体现了蒙古族的精神情感和审美意向。

在长久的传承演变中，查玛舞服装也融入了很多蒙古族传统文化元素，样式、图案、花纹、线条、颜色变得愈加丰富多彩。作为一种古老而独特的民族文化，查玛舞为我们研究宗教、民俗、服饰、美术工艺等多方面提供了非常重要的素材。

2008年6月14日，查玛舞经中华人民共和国国务院批准列入了第二批国家级非物质文化遗产名录。

● 查玛面具 清代 通辽市博物馆藏

● 查玛面具　清代　呼和浩特市民间博物馆藏
● 查玛法服　清代　鄂尔多斯乌审旗博物馆藏

3. 喇嘛服饰

喇嘛，藏语音译，意为"上师"，是藏传佛教对高僧的尊称。13世纪后期，在元世祖忽必烈的扶持下，藏传佛教的一支——喇嘛教，作为蒙古族一种新的宗教信仰开始传入蒙古地区，到16世纪下半叶，在元统治者的大力推行下，藏传佛教在蒙古地区广泛传播并发展起来。经200余年的传播和发展，藏传佛教在清代发展到鼎盛时期。清政府为巩固统一政权，大力扶持发展藏传佛教，致使蒙古地区寺庙林立，喇嘛遍地。藏传佛教对整个蒙古社会的政治、经济、文化都产生了极大的影响。

蒙古人普遍信奉藏传佛教。在几乎家家有喇嘛的时代背景下，喇嘛服饰作为一种特殊的蒙古族服饰也形成了自己的装束体系。蒙古化的喇嘛服饰主要包括僧帽、袈裟、法袍、法衣、衲衣、僧靴等。《西藏新志》中记载："喇嘛服装着袍子袈裟，戴僧帽。虽

● 喇嘛僧衣　清代　呼和浩特民间博物馆藏

因服色而分教派，然有崇尚黄教之僧徒，为红色之服装者。同一黄教，二种服色。盖年老者用黄，年少者用红，其习尚然也。其平素所着衣服，毫无异于常人。惟于仪式上服之法衣有别。维西之僧徒，用阔袖长衣。虽严冬常露两肘，帽子冬季戴平顶之方甎帽、竹笠。"在服饰等级森严的社会下，喇嘛的帽子、服饰穿着也都严格遵守等级规定。

普通僧人的日常服饰十分简单，一般只着三种，即汗衣、内僧裙和袈裟，头戴僧帽。僧帽，为喇嘛专用的帽子，有鸡冠帽、班智达帽、扇形帽等十余种，颜色大致分为黄、红两种，黄色偏多，不同等级的僧侣在宗教活动仪式时佩戴不同的帽子。宗喀巴大师创立的格鲁派，依照古代持律的密意，规定用黄帽作为重振戒律的象征。此后，黄帽便成为格鲁派（黄教）僧徒所戴。

● 鎏金镶宝银乃琼冠 清代 内蒙古博物院藏

4.军戎服饰

"国之大事，在祀与戎。"在古代，行军打仗是国家大事。中国作为一个多民族国家，在数千年的历史中，军事斗争不断推动着社会变革与民族融合。军服作为一种特殊而重要的服饰，其制作与穿戴在历朝历代都有着严密的体系与特色。蒙古族之所以能东征西讨，与蒙古族善于弯弓骑射、组织严密、作战机动、装备精良有着极大的关系。以武立国，以战强国，在元朝时期特别突出。丰富多样的重甲、铁盔等军戎服饰在作战实践中发挥了重要的作用。明清时期，随着火器的日益发达与战事的减少，以重型铠甲装备为特色的蒙古族军戎服饰逐渐失去了往日的地位，在形制构造、用料、工艺等方面都发生了极大的变化，越来越倾向于礼仪性装扮。

"衣冠无语，演绎大千。"蒙古族服饰作为中华民族传统服饰的重要组成部分，积淀了蒙古族悠久的人文历史与丰厚的思想情感，是蒙古族人民勤劳智慧的结晶，是中华民族的一种宝贵财富，也是人类文明艺术宝库中璀璨亮丽的一星。蒙古族服饰的起源和发展是人类文明不断进步的体现。伴随着历史的脚步，蒙古族服饰经历了一

● 武官铜盔　清代　内蒙古博物院藏

● 武官甲 清代 内蒙古博物院藏

次又一次的革新变化，逐渐形成了今天丰富多彩的系列。随着民族文化的保护和弘扬，蒙古族服饰在式样、面料、图案、工艺等方面依然在不断革新发展中，其独特的艺术风格和精湛的制作工艺经久不衰，也必将接续传承和发展下去。

● 锁子甲 清代 内蒙古博物院藏

● 武官甲　清代　内蒙古博物院藏

《蒙古人的一天》　清代　蒙古国历史博物院藏

第三章

蒙古族
服饰的传统
工艺美学

中国各民族相互依存、休戚与共、水乳交融，繁衍生息在中华大地上，形成了中华民族多元一体的格局。多民族的交流融合，也给服饰文化带来丰富的灵感和启迪。中国古代素有"衣冠上国"之称，服饰作为中华各民族物质文明和精神文明交流互鉴的综合体现，其形制、色彩、质地、纹饰及制作工艺，都承载着丰富多元的精神内涵，同时反映了人们在不同历史时期的生活习俗、审美情趣、价值观念以及种种文化心理、宗教意蕴。

● 《卓歇图卷》局部　五代　故宫博物院藏

蒙古高原幅员辽阔，气候干燥，温差大，有森林、草原、荒漠、戈壁，生态环境多样。生活在这里的蒙古族为了适应环境，经济状况、生活习惯都与其他民族有所不同，在服装配饰上也有显著差异。蒙古族各个部落也因地域、气候、习俗等因素，呈现出各自的特点。但是，全体蒙古族的服饰还是有许多共同特性的。蒙古族服饰主要分为首饰、长袍、腰带、靴子四个部分。蒙古族服饰以袍服为主，便于鞍马骑乘，其佩饰也极具浓郁的民族风格。

● 《蒙古人的一天》局部　清代　蒙古国历史博物院藏

● 科尔沁部女坎肩　清代　内蒙古博物院藏

蒙古族因其民族特点和精神内涵，非常重视对自身的修饰，服装、首饰、佩饰都极为讲究。他们创造了许多精美绝伦的服饰，为中华民族的服饰文化增添了诸多浓郁色彩和风情。而蒙古族服饰的制作工艺是与服饰本身相伴而生并随之发展的。其集裁剪缝纫、贵金属加工、饰品制作于一体，历史悠久，种类繁多，工艺精湛，在材质、工艺、图案、美学等方面都独具一格。蒙古族服饰工艺在蒙古族服饰的整个发展过程中起着重要作用，凝聚着古老蒙古族人民的集体智慧，也彰显出丰富的民族文化内涵，具有极高的历史学、民族学和美学的研究价值。

第一节 蒙古族服饰的材质选料

● 喀尔喀儿童皮袍 清代 蒙古国历史博物馆藏

服饰的面料材质是服饰的基本构成要素之一，不仅可以诠释服装的风格和特性，而且直接决定服装的色彩、造型的表现效果。不同的面料具有不同的光泽和质感。在古代，受科学技术及制作水平的限制，人们对服装的材质的选择比较原始、单一，往往直接取之于自然。起初，他们用植物枝叶遮体，后来用动物皮毛做衣服。《北史》记载："地有多雪皆捕貂为业，冠以狐貂，衣以鱼皮。"蒙古族的古代先民——室韦人对衣服原材料的选择一般就是就地取材。在外出渔猎时，就会注意选取比较完整的鱼皮、动物皮毛等来制作衣服。在蒙古高原上，野生动物主要有虎、熊、狐、貂、獐、鹿等，这些动物的皮毛厚重保暖，成为人们抵御寒冷气候的最好材料。随着原始的室韦部落强大繁盛，周边华夏民族的麻织、丝织衣物也开始在室韦人群中流行。到了魏晋南北朝至隋唐时期，室韦人从中原地带汉人工匠处学习掌握了金属冶炼技术。他们开始用金属工具加工骨、牙等配饰，其配饰也开始变得丰富多样。

经过蒙古汗国时期和元代的发展，蒙古族服饰汲取了北方草原其他游牧民族的特点，也吸纳了中原汉地、中亚波斯服饰的部分优势，最终创造出独具特色的服饰文化。长袍、皮袍、裤、腰带、坎肩、皮毛、皮靴等成为蒙古族服饰的重要组成部分。服装主要面料有皮毛、棉麻丝绸纺织品等。贵族以狐皮、狼皮等珍贵毛皮做皮袍，以布、绸、缎作衣面；牧民则以常见的山羊皮做皮袍，乘马放牧可护膝防寒，夜宿还可当被盖。由于蒙古高原海拔较高，气候干燥寒冷，生活在这里的人们以游牧为主，他们在冬季多用形态大小不一的有毛类动物的皮

● 男皮袍 清代 蒙古国历史博物馆藏

制作衣服，北方地区的银狐、玄狐、猞猁、紫貂、银鼠、香獐、水獭、青獭、花猫等都是珍贵皮毛，是蒙古贵族常用的服饰材料。动物的皮毛本身具有厚实保暖的属性和天然的光泽，在制成服装之后，既是御寒保暖的良好佳品，又在视觉上给人以高贵华丽的感受，实用又美观。

明代，蒙古族的服饰材料除了通过民间贸易而来的绸缎、金锦、棉布、水鸟羽毛、牛皮、羊皮，还有羊毛、驼毛等毛织制品，还有虎、豹、狼、獾、狐狸、海狸、旱獭、

● 紫貂皮袍　清代　内蒙古博物院藏

水獭、黄狗、灰鼠、银鼠、貂鼠、骚鼠、狸子、白鼬、野猫等各种兽类的皮毛。服装质地因贫富差距差别较大，与明朝通贡互市后，服饰质地种类也开始变得多样。

　　随着时代的更迭和社会经济的多元发展，随着蒙古族与其他民族，如汉族人、满洲人、女真人等杂居或聚集，清代蒙古族的生产、生活方式也发生了诸多变化。由于分布地区不同，蒙古族许多部落由原来单纯的游牧经济逐渐

● 黄纱团花袍　清代　内蒙古博物院藏

转变为农牧结合或牧林结合的模式，人们的服饰也随之变化。王公贵族出任官爵，一般穿着清朝官服，以补子区分官员品级，私下有时着蒙古装，有时穿满族的便装。普通蒙古人穿长袍，式样与元明时大致相同，穿戴开始由繁变简，华美的蒙古族服饰作为华服更多时候用以隆重的集会、

● 乌拉特部女袍　清代　呼和浩特民间博物馆藏

祭祀、婚礼等礼仪场合穿着。服饰的材质也从家畜或野生动物皮毛缝制的袍服，逐渐被农耕文明所生产的天然织物布、绸、麻、缎等所取代，有的部落甚至完全摒弃了皮质衣服。

近现代以来，随着蒙古族与中华各民族的交往交流，生活水平与科技水平的日益提高，现代生活节奏的加快，作为时代精神风貌和物质文化水平标志的服饰，也发生着变化。蒙古族男女越来越多穿着休闲服装。很多蒙古族袍服冠带仅仅用于重要的礼仪场合。蒙古族服饰的面料也变化多样，人们制作蒙古服饰时不仅选择布、绸、缎，也会选择毛、麻、丝织物、高仿、混纺面料。

● 乌珠穆沁蒙古族坎肩 近代 内蒙古博物院藏

第二节 蒙古族服饰的丰富造型

● 玛瑙项饰、金镶玉耳坠 西汉
鄂尔多斯市博物院藏

随着蒙古族社会经济发展和社会的变迁，蒙古人的服饰材料也不断变化，服饰材料的变化推动了服饰制作的工艺和技术更新，蒙古族服饰的造型、图案和装饰也变得复杂成熟并独具特色。

早在旧石器时代晚期，蒙古先民就开启了蒙古高原人类手工缝纫工艺的先河。他们利用兽骨、鱼刺等制作类似于骨锥、骨针等缝纫工具，将植物纤维、马尾、鹿筋等捻成线，把野兽皮鞣制成熟皮，最后制成衣服、帽子、靴子等。随着社会的变革和生产技术的发展，人们能用精致的骨针、骨锥等缝纫工具将家畜的皮毛缝制编织各种衣服。后来，金属走进蒙古人的生产和生活，金属工具的使用为蒙古族制作头饰和佩饰等精细装饰带来更多的便利。此后，金银器、玉器的加工雕琢工艺也广泛应用于蒙古族服饰制作。到了蒙古汗国和元代时期，蒙古族服饰的传统手工艺已经成为一种独立工艺，具体包括造型、裁剪和缝纫、图案、刺绣镶边、扣袢儿等工艺。进入近现代社会，随着商品经济的发展，蒙古袍服的制作也发生了新的变化，传统手工艺逐渐被机械代替，但是部分传统工艺仍旧被许多民间手工艺者所保留。

蒙古族的服饰多为袍服，身段肥大，袖长，男女长袍下摆均不开衩，便于鞍马骑乘。蒙古族很早之前就掌握了根据人的体型的黄金分割律和生产生活方式来制作衣冠服饰的方法。他们通过量取人的身高、肩宽、腰围等身体的曲线尺寸来获取制作服饰平面裁片的造型数据。蒙古族的衣、帽、靴、头饰、配饰等都有着独特的平面造型、立体造型、结构造型和制作造型。蒙古族生活区域通常地域辽阔，自然环境、经济状况、生活习惯不同，形成了各具特色、丰富多彩的服饰，如巴尔虎、布利亚特、科尔沁、乌珠穆沁、苏尼特、察哈尔、鄂尔多斯、乌拉特、土尔扈特、和硕特等数十种服饰。这些服饰大体风格一致，但各具特色。服饰的基本形制为长袍、下摆两侧或

● 《农作图》壁画　五代　内蒙古博物院藏

● 《出行图》壁画　五代　内蒙古博物院藏

● 彩绘男仆、侍女图木版画　辽代
赤峰市巴林右旗博物馆藏

中间均不开衩，袖端呈马蹄袖。已婚妇女袍服外面还配有长、短不同款式的坎肩。

　　蒙古服饰中，部落之间差异最大的是妇女头饰。如巴尔虎部落蒙古族妇女头饰为盘羊角式，科尔沁部落蒙古族妇女头饰为簪钗组合式，和硕特部落蒙古族妇女头饰为简单朴素的双珠发套式，鄂尔多斯蒙古部落妇女头饰最突出的特点是两侧的大发棒和穿有玛瑙、翡翠等粒宝石珠的链坠。鄂尔多斯部族是蒙古族古老的部族之一，其头饰是蒙古各部中最为精美的，被誉为"头饰之冠"。鄂尔多斯妇女头饰由精美的银链、银铃、錾花贴片相缀，以成排成串的红珊瑚镶嵌，造型华美，工艺精湛，体积和重量都超过其他部落，是鄂尔多斯姑娘出嫁时最华丽的装饰。

　　蒙古族服饰华丽、美观、别具一格，首饰、腰带、配饰也是蒙古族服饰的重要的组成部分。首饰是蒙古族妇女逢年过节、喜庆宴会、访亲探友时的装饰，多以玛瑙、珍珠、宝石、金银等材料制成。蒙古族男子一般注重腰带和配饰，他们的腰带很长，腰带上多挂火镰、刀子、鼻烟盒、荷包等饰物。如胡人奏乐纹玉带板，是蒙古人饰品，也受西域回鹘人或中亚波斯人的影响。

蒙古族服饰造型工艺具有稳定性，但也随着人们的实用需要和审美情趣不断更新而变化。这是蒙古族服饰造型工艺的变动性体现。蒙古族服饰造型工艺从稳定性到变动性，从变动性到稳定性的循环变化过程，是不断继承、发展和创新的。蒙古族服饰造型是在继承原有服饰基本结构或外形的基础上，经过创新而出现的。蒙古族服饰的造型工艺也是经过历代蒙古族人民群众的经验累积而逐步丰富和发展起来的。

● 胡人奏乐纹玉带板 辽代　赤峰市敖汉旗博物馆藏

第三节　蒙古族服饰的裁剪缝纫

剪裁和缝纫是服装制作的核心环节。蒙古族服饰的裁剪工艺，是其造型工艺的重要组成部分。根据裁剪对象的不同，可分为衣、帽、靴、佩带等几类。

对于服装的裁剪，根据不同的使用材料可分为布、帛、皮等衣料的裁剪工艺；根据不同的衣服款式可分为长袍、马褂、长坎肩、短坎肩、内衣、便裤、套裤等衣服的裁剪

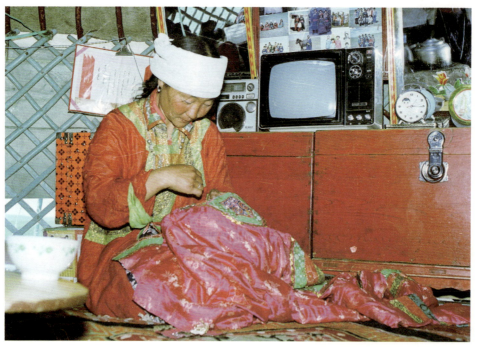

● 锡林郭勒盟的牧民在缝制蒙古袍

工艺；根据不同的季节可分为皮袍、吊面皮袍、棉袍、夹袍、单衫、皮裤、棉裤、夹裤等衣服的裁剪工艺；根据衣服的不同部位可分为面料、衬里、镶边装饰等部位的裁剪工艺。蒙古族旗袍就融合了满族人旗袍的制作工艺与款式，可见满族八旗制度对蒙古八旗的影响。

关于帽子的制作工艺，可以根据季节和式样的不同分为冬帽、春秋帽、尖顶立檐帽、圆顶立檐帽等；靴子则根据裁剪用料和式样的不同分为皮靴、香牛皮靴、布靴、大翘尖靴子、小翘尖靴子、劳钦靴子和哈麻靴子等。因大小、形制、用料不同，它们的裁剪工艺有所区别。

蒙古族服饰的裁剪工艺，是在继承传统裁剪工艺的基础上不断吸收新的裁剪工艺的量体、制图、裁剪等技术而丰富和发展起来的。剪裁工作主要由民间裁缝来承担。他们当中有的专门裁制衣服，有的专门裁制帽子和靴子，有的则是既能裁制衣服，又能裁制帽子和靴子。蒙古族的裁缝一般由家庭传承，由母亲传承给女儿，从小耳濡目染，手手相传。这既是技术和工艺的传承，也是血脉和文化的传承。

● 阿巴嘎男子圆帽 现代 内蒙古博物院藏
● 鄂尔多斯男坎肩 现代 内蒙古博物院藏
● 香牛皮男靴 清代 蒙古国历史博物馆藏

经过千年历史的沿革和多民族文化的交流与传承，蒙古族开创了许多造型结构丰富多样的传统服饰，也通过对服饰用料的合理利用创造了许多特殊的拼缀裁剪工艺。如皮革类的拼接裁剪工艺、面料花纹的对接裁剪工艺、边角料的搭配裁剪工艺等，都是富有独创性的裁剪工艺。他们裁剪毛皮衣料时，用专门制作的裁割刀从毛皮的板面进行裁割，几乎不损坏里面的毛、绒，而且对裁片容易变形的地方，用熨斗进行热处理，从而使裁片的大小形状完全符合使用要求。他们还会合理巧妙利用剩余的边角材料，用作衣服的修缀装饰，并精心拼接出独特的纹理图案。

蒙古族服饰的缝纫工艺中有许多传统手针缝纫法。这些手针缝纫法都是以右手食指尖戴顶针，用拇指和中指持针，进行缝纫。这种持针方法主要包含如攻针、寨针、缲针、纤针、给针、缉针、驱针、分针、盘针、缴针、锁边针等多种针法，操作要领各不相同。攻针是手针的最基本的缝纫法，也是手针工艺中各种针法的基础，常用于缝袖里、摆缝、衩边、滚边、镶拼等处，针迹均匀整齐，平整美观。寨针用于两层布或多层布料缝合，是为下一工序起固定作用的一种简单缝纫法，可分为长短两种，从外往里向后缝，针迹根据实际要求可密可疏，下一缝纫工序完成后，再将

● 和硕特部女坎肩 现代 内蒙古博物院藏

针抽掉。缲针缝纫多用于衣里缝合处，是将衣片毛边折叠后缝合在一起，在正面露出线迹。缉针常用于衣、帽、靴的表面缝纫之处，缝好的衣物接缝弹性好、牢固、不易断线。驱针近似于缉针缝纫法，衣物的其面层与缉结线之间的间隔线距相似，底层的针迹呈线条状。驱针大多用于靴和靴帮的缝道。盘针主要用于布靴中各种图案的缝纫工艺，具体包括右盘、左盘和左右对盘等针法，其表现效果宽厚突出、连绵起伏。锁边针是锁住裁片毛边的缝纫法。锁边是加固服装毛边、防止脱线脱边的重要环节。

● 和硕特部男皮马褂　现代　内蒙古博物院藏

第四节 蒙古族服饰的扣襻儿和镶边工艺

蒙古族服饰的扣襻儿由来已久且具鲜明的风格。扣襻儿不仅是长袍、坎肩必不可少的附件，也是长袍、坎肩的装饰品，既实用又美观。扣襻儿与蒙古袍服是统一的整体。

在远古的时候，蒙古人的服饰无扣襻儿装饰，只用系带来固定上衣的大襟，后来有了用皮条、骨节、木头制作的简易扣襻儿。蒙古汗国和元代时期，蒙古族服饰已出现用金、银、珍珠、金锦、布、帛制作的华美的扣襻儿。扣襻儿主要由扣坨和纽襻儿组成。带扣坨的纽襻儿称"公纽襻儿"，带套索的纽襻儿叫作"母纽襻儿"。扣襻儿的种类较多，可分为珠宝类、金银类、铜铁类扣坨，以及皮革、布帛、化纤类纽襻儿，也有整个扣襻儿是由皮革、布帛、库锦、化纤带条构成的软质扣襻儿。纽襻儿的质料和色彩，通常都是与镶边装饰相统一的。

扣坨的形状多为圆球形，也有的是丁字形。金、银、珠宝等高档扣坨都有托盘装饰，其上镶有

● 和硕特部男坎肩　现代　内蒙古博物院藏

珊瑚、绿松石等。金、银、珠宝类扣坨，要与纽袢儿用活环联结，不穿时可以把扣坨解下来另外保存。金、银、铜类扣坨，一般都雕琢各种精美的花纹图案，其制法有实芯和空芯两种。纽袢儿的形状多为长而直，缝钉长纽袢儿讲究笔挺标致。钉纽袢儿一般要手工缝制，而且要保证纽袢儿的直、立、扁等形状，牵缝的针脚和针距要均匀一致。

镶边是蒙古族服饰的主要装饰工艺之一，具有独特的装饰作用和艺术特色。蒙古族很早以来就讲究各种服饰的镶边工艺。

● 阿巴嘎男子绿章绒缎长袍 现代 内蒙古博物院藏

● 科尔沁部女坎肩 清代 呼和浩特民间博物馆藏

一件做工精美的长袍，不仅取决于式样的新颖别致，而更重要的是具备与款式风格、面料色彩相协调的镶边装饰。它是表现蒙古族服饰浓厚的民族特色和鲜明的地区风格的重要装饰手段。

　　蒙古族服饰的镶边工艺，从服饰的分类可分为衣、帽、靴和其他装饰品的镶边装饰。其中，长袍和坎肩的镶边装饰最为鲜艳。从镶边工艺的构成方面，其可分为滚边、沿边和饰绦三部分。其中，滚边主要起加固作用，沿边和饰绦主要起装饰作用。从镶边的数量和风格方面可分为单沿边、加一道水流的宽沿边、加两道水流的宽沿边、组合宽沿边等。从镶边的材料方面可分为布、帛、皮、绒、库锦、绦子等。在镶边的色彩构成上，男女老少各有不同。其中，妇女服饰的镶边最华丽，老年服饰的镶边装饰最朴素。男女长袍的领边、领座、大襟、袖口、下摆、袖筒、腰围等处以及蒙古帽冠边缘都会有镶边装饰，镶边以不同于服装的材质装饰，对比鲜明，但风格美观一致。

　　无论是扣袢儿还是镶边，作为蒙古族服装的一种装饰，都是画龙点睛的精心点缀之物，也是蒙古族服装不可或缺的组成部分。

第五节 蒙古族服饰精美的刺绣和图案

刺绣，蒙古语叫"嗒塔戈玛拉"。蒙古族服饰刺绣，主要运用在帽子、头饰、衣领、袖口、袍服边饰、长短坎肩、靴子、鞋、摔跤服、赛马服、荷包、褡裢等处。在元朝以前，古代蒙古人在生活中就很注重刺绣艺术，并形成了"有图必有意，有意必吉祥"的独特的图案内涵特征。蒙古族刺绣的图案具有明显的象征意义，其纹样包含着人们对美好生活的愿望。蒙古族

● 绣花夹衫 元代 内蒙古博物院藏

● 乌珠穆沁式摔跤服 近代 内蒙古博物院藏

刺绣通过象征性的手法与刺绣技艺相结合，以写意的手法结合不同题材的造型，表达健康长寿、富贵福禄、如意吉祥等内容。如用变化多样的盘长图案与卷草纹等不同图案的结合，象征吉祥、团结祝福，用犄纹来代表五畜兴旺。受汉地民族刺绣影响，其用蝙蝠象征福寿吉祥，用回纹来象征坚强，用云纹来表现吉祥如意，用鱼纹来象征自由，用虎、狮、鹰等威猛的动物形象来象征英雄，用杏花象征爱情，用石榴寓意多子，用蝴蝶象征生育能力强盛的母亲，用寿、喜、梅等图案代表美好的祝福等。在蒙古族各种服饰刺绣中，蒙古族摔跤服以鲜明的民族风格和地区特色闻名于世。在"那达慕"大会上，蒙古汉子们穿的摔跤衣裤，在"班吉勒"的套裤上，绣着龙、凤、虎、象、各种卷草纹样的吉祥图案，威武、古朴。

蒙古族服饰的刺绣工艺，是在继承传统手工缝纫工艺基础上发展而形成的一种有独特风格的缝纫技法。其主要有绣花技法、贴花技法、盘花技法和抠花技法等。这些刺绣技法，由于所用材料和表现形式的不同，在造型、纹样和色彩等方面，有各自的特色和优点。

绣花技法是以彩色丝线、金银线等为主要材料，将各种图案一针一线地绣在各种服饰上的一种刺绣工艺。蒙古族妇女绣花时一般不用绷架。她们在刺绣时由于采用不同的针法表现图案和质感，其色彩效果对比强烈，亦浓淡相融。绣花技法是要通过不同针法而表现的，是经过日积月累的运针功夫而发明创造的刺绣技巧。其中，齐针法、参差针法、阶梯针法和散针法为最常用针法。

● 和硕特部绣花女袍 现代 呼和浩特民间博物馆藏

● 科尔沁部女坎肩　清代　内蒙古博物院藏

齐针法是绣花工艺的最基本针法，这种针法是在刺绣图案时线条排列整齐，起落针都要在图外缘，不与别的图案线条相互重叠或参差，从而表现所绣图案中鲜明的对比色彩。参差针法是将相近色彩的线条相互有规律地交替排布，从而表现出色彩自然过渡效果的绣法。这种针法能恰如其分地表现花瓣和叶片色彩的浓淡层次。阶梯针法用来表现比较复杂图案的难度较大的色彩效果。它是将齐针法的起落针距缩短，在一个刺绣单元内绣几种接近颜色的齐针，以密集的齐针法来达到类似参差针法的表现效果。散针法是为表现花蕊、鸟冠、树木细枝和光线效果而采用的单线式散开针法。这种针法以同一条线起落针，起落针孔保持一定的距离而又有一部分相互重叠，从而用来表现多数单线构成的散开式的效果。

蒙古族服饰的绣花技法是刺绣工艺的主要组成部分。它以朴素而鲜艳的色彩、灵活而多变的针法、细腻而明快的线条，来表现蒙古族刺绣工艺的独特风格。蒙古绣花主要包括贴花技法、盘花技法、抠花技法等工艺。蒙古刺绣也是国家级非物质文化遗产，是受国家保护的文化项目之一。

　　贴花技法是利用不同颜色的绸缎、化纤布边角剩料，剪成所需图案的结构造型块，经过巧妙对接缝制而成的一种刺绣工艺。这种技法能用各种绸缎布料的边角剩料，作为服装装饰，结合绣花技法，省工省线，简单易做，且图案生动跳跃，花型活泼丰满。盘花技法是利用盘针缝纫法刺绣各种图案的技法。它是以盘绕弯曲的手法构成花卉、鸟虫等优美且具有吉祥寓意的纹样图案，用以装饰服装。盘花技法分空芯绣和实芯盘绣两种，多用于男女靴子的各处图案上，其色彩有单色和复色两种。抠花技法也称"镂花技法"，是把剪制好的布、平绒、皮革镂花图案固定在已画好的指定位置上，用盘针、缉针或缲针法缝制。抠花技法有同色、顺色和对比色等表现手段，多用在帽子、布靴子、香牛皮靴、烟荷包、褡裢和摔跤套裤等服饰用品上，其效果富有立体感，栩栩如生。

● 科尔沁部绣花皮护耳
近代　内蒙古博物院藏

蒙古族在长期的生产和生活实践中，创造了许多具有民族风格的花纹图案。其中有以五畜和花鸟为内容的动植物图案，以山、水、云、火为内容的自然风景图案，以吉祥如意为内容的"乌力吉（吉祥）"图案等。这些富有草原生活气息的民间图案，其表现手法千姿百态，美不胜收。但是，从古至今，蒙古族的文化都受到周边民族文化的影响。蒙古族服饰刺绣艺术潜移默化地接受了其他各种文化的元素。龙凤是汉民族的图腾，龙凤纹在汉民族服饰中很常见，如云锦、宋锦制作的官服。蒙古族对龙凤的崇拜源于此，他们认为龙凤也是神圣吉祥之物，因而经常在服饰、荷包、银碗、蒙古刀等地方用龙凤的图案来进行装饰。蒙古族服饰的绚丽多彩的图案工艺，始终是在继承传统民间图案的基础上发展而来的。哈南图案、阿鲁合图案、云纹图案、犄纹图案、"乌力吉（吉祥）"图案、花鸟图案、龙凤图案、山水图案、蝴蝶图案、吉祥字形图案、团花图案等，这些丰富多样的服饰刺绣，虽然用料朴素节约，但图案自然流畅，栩栩如生，活灵活现。蒙古族服饰，具有极高的艺术欣赏价值。

从远古到蒙古汗国，从元、明、清到近现代，历代蒙古人民在长期的生产和生活实践中，精心制作，兼收并蓄，不断完善和丰富自己传统服饰的种类、款式风格、面料色彩、缝制工艺等，创造了许多精美绝伦的服饰，为中华民族的服饰文化增添了灿烂的笔墨。中华民族服饰文化是主干，蒙古族服饰文化是枝叶，只有根深干壮才能枝繁叶茂。

● 荷包上的刺绣图案

参考文献

[1] （明）罗欣.物原[M].台北：台湾商务印书馆，1966.

[2] （北齐）魏收.魏书[M].北京：中华书局，2018.

[3] 策·达木丁苏隆.蒙古秘史[M].西宁：青海人民出版社，2014.

[4] 赵珙.蒙鞑备录[M].呼和浩特：内蒙古人民出版社，1979.

[5] 马可·波罗.马可·波罗游记[M].北京：中国文史出版社，1998.

[6] （宋）宋濂.元史[M].北京：中华书局，1976.

[7] （元）熊梦祥.析津志辑佚[M].北京：北京古籍出版社，1983.

[8] 陈高华，张帆等.元典章[M].天津：天津古籍出版社，2011.

[9] 曹喆.历代《舆服志》图释（元史卷）[M].上海：东华大学出版社，2017.

[10] 沈从文.中国服饰史[M].西安：陕西师范大学出版社，2004.

[11] 周锡保.中国古代服饰史[M].北京：中国戏剧出版社，1984.

[12] 许光世，蔡晋成.西藏新志[M].上海：上海自治编辑社，1911.

[13] 苏鲁格.蒙古族宗教史[M].沈阳：辽宁民族出版社，2006.

[14] 周汛、高春明.中国衣冠服饰大辞典[Z].上海：上海辞书出版社，1996.

[15] 内蒙古腾格里文化传播有限责任公司.蒙古族服饰图鉴[M].呼和浩特：内蒙古人民出版社，2007.

[16] 明锐.中国蒙古族服饰[M].呼和浩特：远方出版社，2013.

[17] 尚刚.元代的织金锦[J].传统文化与现代化，1995（06）：64-72.

后 记

"中国有礼仪之大，故称夏；有服章之美，谓之华！"

中华文明五千年，历史是一条川流不息的大河，蒙古族服饰文物，就是历史河床上遗落的珍珠。作为新时代的文博人，如何史海掘珍，道中华之美，美中华之道？

蒙古族服饰文化，是中华优秀传统文化主干上的枝叶。只有根深干壮，才能枝繁叶茂。纵观蒙古族服饰文化研究，关于蒙古族的现当代服饰文化，近年来成果显著，无论是个人研究还是学术课题，均获得了较多的学术成果。比如"中国民族民间文化保护工程试点项目"成果《中国蒙古族服饰》，再比如内蒙古腾格里文化传播有限责任公司编著的《蒙古族服饰图鉴》等，这些基本都是体量甚大的系统性科研成果，而有关蒙古族服饰的学术论文更是不胜枚举。尽管如此，我们也应看到，有关蒙古族服饰及其文化内涵的研究，多数从服饰本体视角或者从现代甚至当代的时代视角下论述谈及，而从历史演变的代表性文物实体、从服饰形成发展与蒙古族形成发展的逻辑关系的宏观角度，探讨蒙古族服饰文化在中华民族共同体形成发展中的历史地位与推动作用的相关研究则略显薄弱。而《中国博物馆馆藏民族服饰文物研究》丛书，恰是这一薄弱环节的补漏之作。丛书立足于全国博物馆收藏的丰厚的民族服饰文物藏品，从馆藏文物的独特视角探寻中国少数民族服饰文化形成发展的内在逻辑。这类从博物馆视角出发编撰的服饰丛书在以往服饰研究中没有出现过，属于难得的开篇之作。更加难能可贵的是，编委会将它们定位为讲述民族服饰故事、传播民族团结声音的系列丛书，分卷、分册逐一介绍不同民族的服饰文化。在体例结构设置上，各卷先从本民族的历史及其演变追溯入手，讲清楚本民族发展的来龙去脉，特别是与其他民族的交往交流交融，而后分门别类阐释民族服饰的类型、艺术、文化内涵、工艺特征等。可以说，丛书系统性、条理性、逻辑性非常明确，内容翔实，深入浅出，编排上图文并茂，具有很强的学术性和科普性，能够满足不同群体、不同层次读者的阅读需求，也为中国时尚界提供了丰厚的、特别的历史滋养。

蒙古族卷是《中国博物馆馆藏民族服饰文物研究》丛书的重要组成部分。2017年，本丛书在上海出版基金项目成功立项，丛书编委会将蒙古族服饰分卷部分的撰写任务交到了鄂尔多斯博物馆手中。接到这个颇有分量的写作任务，我们感到诚惶诚恐：一是鄂尔多斯博物馆科研力量较为薄弱，恐担负不起如此重大的科研任务；二是站在内蒙古自治区博物馆这个角度，撰写全中国博物馆馆藏的蒙古族服饰文物和服饰文化，鄂尔多斯博物馆作为一个地方性中小博物馆感到实力不足，恐难当此大任。因此，这本书的撰写对于鄂尔多斯博物馆而言，是一项莫大的挑战。然而，幸运的是，在蒙古族卷的写作过程中，编委会给予了我们最大的鼓励和帮助，内蒙古自治区文物局、内蒙古博物馆学会、内蒙古博物院以及鄂尔多斯市多家文博单位，也在最大程度上给予了我们诸多帮助和便利，为我们的撰写提供了诸多的丰富史料和有益建议。这里，应该向他们致以诚挚的谢意。此外，本丛书总顾问国家文物局原副局长马自树先生作总序，本丛书编委会主任彭卫国先生多次指导立项审批和编审进程。作为本次丛书总主编覃代伦先生，从项目的筹备、立项、实施，到大纲的撰写、文稿与图片的修改审定，都付出了巨大的心血与智慧。东华大学出版社陈珂社长、责任编辑高路路，为本书的出版也贡献甚巨，在此一并向他们表达深深的敬意。

五年磨一书，《中国博物馆馆藏民族服饰文物研究·蒙古族卷》即将付梓，谨以此书，向广泛关注此书的社会各界人士和默默付出的幕后工作人员深表谢意。本书只是讲述和研究蒙古族服饰文化道路上的一幅淡彩画。它的编辑出版更多的是让收藏在博物馆里的文物活起来，让更多的人参与保护和弘扬中华优秀传统文化，以此增进新时代中国人民的文化自信和中华各民族间的平等、团结、互助，共建中华民族美好精神家园，为铸牢中华民族共同体意识发挥积极作用。

由于能力有限，本书在写作过程中不乏错误，真诚希望社会各界特别是文博界提出宝贵修改意见，不吝指正。

编 写 者
2022年10月

图书在版编目（CIP）数据

中国博物馆馆藏民族服饰文物研究.蒙古族卷/李锐,覃代伦主编.-- 上海：东华大学出版社，2023.6
ISBN 978-7-5669-2222-9

Ⅰ.①中… Ⅱ.①李…②覃… Ⅲ.①蒙古族－民族服饰－研究－中国 Ⅳ.①K875.24②TS941.742.8

中国国家版本馆CIP数据核字(2023)第117629号

责任编辑：高路路
装帧设计：上海程远文化传播有限公司

中国博物馆馆藏民族服饰文物研究·蒙古族卷

主编：李 锐　覃代伦

出版：东华大学出版社（上海市延安西路1882号，邮政编码：200051）
出版社网址：dhupress.dhu.edu.cn
天猫旗舰店：http://dhdx.tmall.com
营销中心：021-62193056　62373056　62379558
印刷：上海雅昌艺术印刷有限公司
开本：889mm×1194mm　1/16
印张：14
字数：370千字
版次：2023年6月第一版
印次：2023年6月第一次印刷
书号：ISBN 978-7-5669-2222-9
定价：298.00元